窮究台灣茶

如何選購、享受台灣茶

池上麻由子──著　林鼎洲──監修　連雪雅──譯

目次

II 台灣之行「實用篇」——台灣尋茶

前言

近年掀起一股中國茶風潮後，中國茶在日本也變成日常生活中的普遍存在。然而，偏重於介紹茶具或泡茶方法，難免令人覺得飲用中國茶是很困難拘謹的事。

一九八〇年代誕生於台灣的茶藝文化使用了各種茶葉與茶具，還有讓中國茶泡起來更優美的技巧和手法。

不過，中國茶不像日本茶道有嚴格的規定，泡茶方法也是隨個人喜好去泡，這正是中國茶的最大魅力。但，為了泡出美味的茶，最重要的是「選擇好茶葉」和「適合茶葉的泡法」。

台灣生產出了烏龍茶、包種茶、紅茶、炒綠茶、蒸綠茶……可說囊括所有茶類，而在此中誕生的「高山茶」可說是茶葉發展史上的最高頂點，擁有特殊的香氣與滋味，一舉擄獲人們的心。

在大自然中培育，費時費工悉心製作，吸收天、地、人之氣的茶，並不需要浮誇的作法或使用高級茶具。只要一只拳頭大的茶壺和熱水就能享用美味的茶。與高山茶的相遇，將帶領你我深入探索近年來在茶迷之間大獲好評卻仍神祕的高山茶，解開其美味的祕密。同時一併介紹台灣具代表性的名茶——文山包種茶、東方美人茶、木柵鐵觀音、凍頂烏龍茶的魅力與現狀，比較極品茶與上等茶、中等茶的差異，找出美味好茶的本質。

此外，本書亦介紹買茶訣竅、泡出美味烏龍茶的茶壺、台灣的茶藝文化、台灣茶的保存，以及烘焙方法等。書末收錄了台灣茶黃金時代的人物、與茶有深遠關係的媽祖、台灣茶的歷史，以及統整各地台灣茶基本資料的〈台灣茶名小事典〉。若透過本書能夠引導各位遇見美味好茶，讓更多人加深對台灣茶的認識，我將感到十分榮幸。

台灣的採茶風景。
採收產量比春茶少的冬茶時，
就像對待孩子一樣小心呵護。
冬至之後採收的「冬片」更為珍貴。

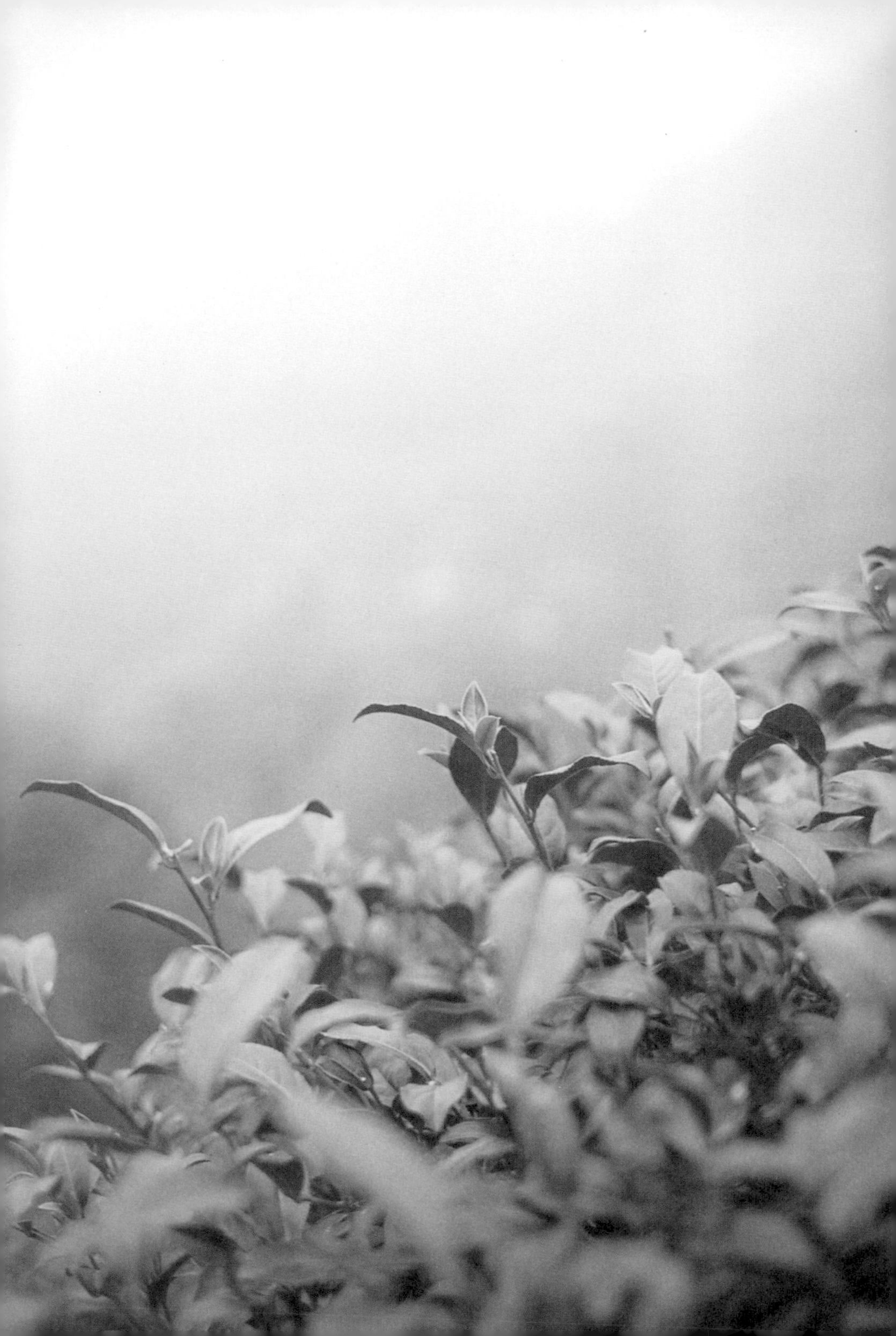

生長在海拔一千～二千多公尺高山地區的「高山茶」，
厚實葉肉中儲存的豐富成分
產生出特有的香氣與滋味。

高山茶

受惠於高山氣候，透過職人的熟練技術
悉心製成的「高山茶」，
集天、地、人之氣。
茶中有股大自然的氣息。
飲用上等茶
不必拘泥於形式，放鬆享受即可。
從注入玻璃杯的茶湯
看見茶芽的纖毛散發美麗光芒。

小巧的廣口茶壺（鶯歌產）很適合沖泡文山包種茶。帶莖粗茶用手稍微掰開投入壺中。便於沖泡功夫茶的「茶海」，能夠倒出最後一滴，分成均等濃度倒入杯中。

玻璃杯內放一小撮東方美人茶。注入熱水後，茶葉翩然起舞。搓揉成粒狀的茶葉，使用拳頭大的茶壺和熱水沖泡，以熱水澆淋壺身的「淋壺」是很重要的步驟。

知識篇

深奧的台灣茶

學習台灣茶

第一章　好茶在台灣

美麗的茶之寶島台灣

據說近年來全世界每年生產三百多萬噸的茶[1]。當中約七成是讓茶葉完全氧化發酵的紅茶，其次是不發酵的綠茶。介於紅茶與綠茶之間的烏龍茶，產量不到整體的百分之三，是相當珍貴的茶。

產地集中於中國福建省、廣東省與台灣的烏龍茶[2]，大部分的消費族群除了原產地的中國和台灣，也受到日本及東南亞華僑的喜愛。產地與產量有限是因為烏龍茶的製作非常費時費工，

1. 世界的茶產量：根據日本總務省（相當於台灣內政部）統計局的資料，二〇〇一年的世界茶產量為三百十萬噸。

2. 烏龍茶：依產地概分為四種：福建省北部武夷山一帶的閩北烏龍茶，福建省南部安溪一帶的閩南烏龍茶，廣東省潮州地區的廣東烏龍茶，以及台灣烏龍茶。

培育技術純熟的職人也不容易。

烏龍茶的起源是福建省北部的武夷山茶[3]。武夷山茶自唐、宋以來便是獻給皇帝的珍貴貢品，宋朝歷代皇帝皆愛茶，北宋第八代皇帝宋徽宗更是廣為人知的品茶[4]名人，他對茶的品質極為要求。每年福建、浙江一帶都會舉行茶葉品評會，極盛時期多達二十二省六百縣參與。在選出的二十種上等茶之中，武夷山茶評價出眾。

知名的烏龍茶故鄉福建省主要生產綠茶、白茶、青茶、紅茶四種茶。微發酵的白茶在宋代時名聲最高，清代之後青茶之一的烏龍茶則最為有名。

烏龍茶誕生於固形茶慢慢被淘汰後，散茶變得普及化的明末至清代。在這個時代不僅國內的需求量增加，歐洲各國也紛紛向亞洲收購茶。

一六〇七年，荷蘭東印度公司將武夷山茶從澳門出口至歐洲，茶葉獲得龐大的利益而受到關注。但十九世紀後半，台灣

3. 武夷山茶：武夷不是品種名，是指產自武夷山茶區一帶的茶，亦稱武夷岩茶。武夷自古便是知名的茗茶產地，武夷山茶在明代打開市場，到了清代馳名國內外。

4. 品茶：品嘗茶的味道，「品」為品鑑之意。

茶開始進行海外出口後，武夷山茶的地位受到動搖。武夷山茶原本是野生茶樹利用種子直播的有性繁殖法[5]，並非特定品種。不過，武夷山茶中有適合製作部分發酵茶的品種，名為烏龍。

根據《臺灣通史》下冊〈農業志〉（連橫　著）記載，清末嘉慶年間（一七九六～一八二〇年），柯朝[6]將武夷山茶引進台灣。試種在新北市瑞芳地區的各種茶樹之中，適應力佳的烏龍茶幾乎遍佈淡水河支流域一帶。這就是台灣烏龍茶的起源。

後來，福建的茶也移植至南投縣，台灣中部也開始進行茶的栽培。

一八五八年因鴉片戰爭而簽訂的天津條約，台南的安平與淡水港被迫開港。雖然是不平等條約，開港之後台灣茶卻一躍成為國際市場的寵兒。

眼見茶葉帶來龐大利益，英國貿易商約翰．陶德[7]（John Dodd）從福建省南部的安溪採購優質茶苗，推薦茶農栽種，採收時選出優良的茶葉做成高級茶。那些茶在一八六九年（同治

5. 有性繁殖：台灣為了確保茶園管理的效率與品質的穩定，通常會用扦插（又稱插條、插枝）或壓條的無性繁殖方式種茶。

6. 柯朝：另有一說是賴柯或柯昇，但柯朝的說法最具說服力。

7. 約翰．陶德（一八三八～一九〇七）：活躍於同治光緒年間的英國商人。讓台灣茶登上國際市場，被譽為「臺灣烏龍茶之父」。

八年）以「福爾摩沙茶（Formosa Tea）」之名出口至紐約，立刻大受好評，出口至世界五十多國。最後甚至發展為支撐台灣北部經濟的產業。

台灣的別名福爾摩沙（Formosa）意即「美麗寶島」，由來是十七世紀葡萄牙人發現台灣時，不禁讚嘆「Ilha Formosa！（好美！）」。十九世紀後半開始出口的福爾摩沙茶很快就在世界上成為頂級水準的茶，直到二十世紀前半，歐美國家提到烏龍茶就是指福爾摩沙茶。

福爾摩沙茶之中最受歡迎的「白毫烏龍茶」亦稱「東方美人茶」，繁盛時期的英國頻頻收購這種茶，當時光是買四十五公克的茶葉就足以蓋一棟房子。福爾摩沙茶在美國的高價足見其高人氣。過去喝台灣茶是一種身份地位的象徵。

然而，福爾摩沙茶的黃金時代受到市場經濟的低迷、戰爭或殖民地統治等的操弄並未持續太久。一八七三年曾有一段時期，茶葉的價格全球暴跌，台灣茶也停止出口。在歐美各國滯銷的大量烏龍茶以香花燻製，做成包種花茶[8]銷往南洋各國。

甲午戰爭後，在日本統治下，烏龍茶的出口受到限制，同時獎勵種植紅茶。曾有一段時期紅茶事業成為外匯收入的主要產業，但戰後被綠茶取而代之。

台灣茶的栽種起於烏龍茶、包種茶，之後輾轉變成紅茶、綠茶（炒綠茶、蒸綠茶、火藥綠茶[9]等），無論如何直到一九八〇年，茶已是台灣出口產品之首。因應國際市場需求製造的各種茶，色、香、味、形皆達最高品質，在國際博覽會獲獎無數。

到了一九八〇年代，台灣茶有了轉變。由於貨幣價值隨著經濟力上升，不符成本的台灣茶逐漸在國際市場上失去競爭力。全盛時期的年出口量超過兩萬三千五百噸，近年卻是進口量逐年上升。業務用、加工用的廉價茶改從大陸或東南亞進口，這個情況與日本相同。

另一方面，經濟繁榮促成台灣獨特的茶藝文化。國內的飲茶人口增加，茶葉的國內消費量驟增。現在因為茶藝風潮與養

8. 包種花茶：台灣的部分發酵茶概分為重發酵的烏龍茶與輕發酵的包種茶。包種花茶是以包種茶為基底製成的薰花茶之一。關於包種茶的詳細介紹請參閱61頁的註解與62頁。

9. 火藥綠茶（gunpowder tea）：炒綠茶的一種，把茶葉嫩芽揉成球狀，形似子彈故得此名，別名珠茶。沖泡後茶葉會展開。台灣曾有一段時期將這種茶出口至摩洛哥等北非的回教地區。有些高級紅茶專賣店會當作中國綠茶。

生潮流的興起，人們對茶葉更加關注。於是堅守傳統製法，只在國內流通的高級烏龍茶取代過去被當作出口產品工業化量產的茶，成為市場的主角。

熟練於製造各種茶的台灣，利用培育茶樹的自然環境、優秀的品種、技術力等優勢，不斷地鑽研，終於完成茶的進化。近年誕生出追求茶葉原味，在高海拔地區栽培的「高山茶」。

第二章　極品烏龍茶——高山茶

美味的理由之一　海拔

我們覺得茶好喝，是由於茶葉釋放在熱水中的物質形成各種味道，反映在感覺器官的綜合感覺。茶葉具有數十種味道的物質，概分為甜、酸、苦、澀等味覺，這些的平衡影響了茶的美味。尤其是被當作茶鮮味的甜味，主要是水溶性的糖分與部分的胺基酸，這些一旦增加就會覺得茶喝起來美味。

在台灣，客觀評價高品質好茶的基準之一是茶產地的海拔。通常茶的價格和茶田的海拔高度成正比，海拔愈高，茶價愈高。

一般來說，海拔一千公尺以上的茶稱為「高山茶」，台灣還有栽種於海拔二千六百公尺的高山茶，堪稱世界最高。

海拔一千公尺以上的高山茶受到高度評價的理由，簡而言之就是生長方式有別於其他茶。

誠如唐代茶聖陸羽[1]所言「茶者，南方之嘉木也」，茶本就偏好南方的氣候。茶樹的原產地[2]正是中國西南部的原生林。茶在溫暖的原生林中經過漫長的時間自然進化，養成了喜愛陰暗溫暖濕潤的習性。

茶樹在高山孕育出好茶的祕密，其一與霧有關。起伏多變的高山生長著各種樹木，因為海拔高，早晚經常起霧。其實過度強烈的陽光反而會抑制茶樹的生長，霧遮住陽光反而有助於茶葉。

在適度陽光的照射下，茶葉所含的胺基酸等鮮味成分增加。而且，在空氣與土壤濕度高的高山，茶葉組織不易纖維化，比起低地，茶不易老化。

1. 陸羽（七三三～八〇四）：幼為孤兒，被龍蓋寺的智積禪師拾得後，送給李儒公收養。在李家生活了五年，因李儒公為了工作要遷居他地而分開，八、九歲時回到寺院投靠智積禪師。對儒學有著強烈興趣的陸羽十二歲時離開龍蓋寺，為了生活進入戲班。他對扮演丑角很拿手，十四歲時在貴人的建議下勤勉治學。另一方面，跟隨智積禪師的時期培養出對「茶」的強烈興趣，研究茶長達三十年。他的著作《茶經》以圖譜記述茶的起源、栽培、製茶與使用的工具、飲茶方法、與茶有關的故事來歷、產地等，堪稱茶的百科全書。

2. 茶樹的原產地：茶的原產地是中國西南部的雲南省、貴州省、四川省一帶的照葉林，這是最有力的說法。居住在森林地帶吃茶飲茶的民族移居四方後，茶逐漸從原產地往南方的印度，東方的江南↓日本、湖南、廣西↓廣東、

其二是氣溫。高山日夜溫差大[3]，茶葉在低溫下生長緩慢。高山茶在抗寒的過程中日漸茁壯，葉體不斷增厚。

其三是土壤。生長著各種樹木的高山，土壤的養分相當豐富。開墾肥沃土地栽培而成的茶，富含鮮味成分及芳香物質。

生長在排水性能差的土地的茶會有一股土味，可見茶是很誠實的作物。培育茶樹的自然環境會如實反映在茶的味道或香氣，這麼說一點也不為過。

比起平地茶，高山茶可以回沖數次味道依然高雅美味，原因正是培育出厚實緊致的茶葉的自然環境。高山茶的魅力就在於培育茶葉的高山。

中南半島、福建、台灣傳播。部分民族到台灣定居後，又從台灣跨海傳播至南海和太平洋群島。這些人統稱為馬來－玻里尼西亞語族（Malayo-Polynesian），被視為台灣平埔族、高砂族的祖先。隨著這些人在台灣落地生根的野生茶雖未成為市場的主流，如今在埔里眉原山的「原始茶樹野生林保護區」仍可見到茶樹。

3. 茶與氣溫的關係：大部分的茶最適生長溫度是二十～三十度內，只要維持低溫負五度、高溫約三十五度的條件就能持續生長。在中國陝西省、河南省、甘肅省南部等寒冷地區也能採得品質好的茶。因為寒冷所以產量少，但適合的土壤與日夜溫差造就了優質的美味好茶。

美味的理由之二　森林力

茶的香氣其實各有所異，綠茶清幽、紅茶濃甜、烏龍茶芳醇、白茶清爽……各有各的特色。然而不問種類，好茶的共通點是有著出色的味道與香氣。

扣除屬風味茶的花茶，茶香是茶葉的特有之物。光是目前已知的茶葉香氣成分就超過三百種。茶的香氣與栽培環境、茶樹品種、茶葉柔硬度、摘茶季節、製茶技術等有關。

以烏龍茶來說，透過部分發酵的製茶方法就能產生花或果實般的特有香氣。在追求烏龍茶的香氣或味道的過程中，選出了適合部分發酵茶的優良品種。近年金萱或翠玉等改良新品種的需求也持續增加。

改良新品種的茶，就算栽種於土壤條件不佳的土地也能培育出卓越的香氣，方便栽種、生產性高等優點受到認同，但味道或香氣不夠高雅。有時會覺得有股強烈的人工香氣。

高級台灣茶的高山茶不會使用新品種。台灣人把高山茶的香氣稱作「山頭氣」。山頭氣亦稱芬多精[4]，這是指森林釋放的獨特香氣或氣味。只有經常起霧或產生臭氧[5]的地方才會形成這種森林的風味。比起海拔高度，森林的風味更是影響高山茶味道的關鍵。

平地的茶田擁有數十~百年左右的歷史，後來海拔高的地區逐漸開墾為茶田。愈險峻的高山，被開發的土地也愈少，茶農在那樣的土地只會種植少量的茶。茶園周圍是杉樹或竹子、檜木等各種樹木生長繁茂的原生林。森林中大量的氧氣和紫外線產生作用生成臭氧。

上空平流層（臭氧層）為生物遮蔽有害的紫外線，使茶樹茁壯生長。森林也提供了天然的抗菌、防蟲效果，因此高山茶

4. 芬多精（phytoncide）：樹木自行製造釋放的揮發性物質。主要成分是萜烯（terpene）等有機化合物。希臘語的原意是植物（phyton）殺死（cide），樹木為抵抗外敵所散發的物質，具有讓昆蟲或微生物迴避的抗菌、防蟲、除臭等效果。據說森林浴的提神效果就是出自這種物質。

5. 臭氧（ozone）：樹木行光合作用產生的大量氧氣與紫外線生成之物。大氣層中臭氧量最多的部分稱為臭氧層，位於距地表二十~二十五公里高處，厚度達二十公里。能夠遮蔽對生物機能造成損害的紫外線。

不必使用農藥，澀味與雜味比其他茶來得少。

海拔高的地方，土壤還很年輕，茶樹的樹齡約莫三～十年。年輕土壤的年輕茶樹不必使用化學肥料。過了七、八年左右再用少量的豆渣或腐爛的果實施肥。一旦使用化學肥料，土質就會改變，茶也會失去甜味。

通常使用化學肥料會加速茶的生長，短時間能夠提升生產效率。不過，這麼一來茶葉含有的成分會減少，餘韻不及有機茶。有人將這樣的差異比喻為土雞與肉雞。

怎麼做才能讓茶的味道變得甘甜，台灣的茶業改良場[6]（共五所）針對茶樹的培育方法、品種改良、肥料或害蟲防治等進行研究。

蔬菜水果也是如此，為了追求茶的原味，不使用藥物很重要。高級的高山茶在栽培、加工、包裝、儲藏、搬運等所有程序皆被嚴格管控，未受到農藥、化學肥料或食品添加物、防腐劑等化學合成物質的污染。

6. 茶業改良場（茶改場）：全台共有五處台灣茶的研究據點：桃園市楊梅區的茶業改良場、文山分場、魚池分場、台東分場，以及凍頂工作站。

未使用藥物的高山茶不需要洗茶[7]，第一泡就能安心飲用。喝起來很順口、不刺激，茶香穩重、甘醇豐盈。而且還能長期保存（請參閱46頁的陳年烏龍茶），不易腐敗。

低海拔地區的茶無法吸收山中的芬多精，還得承受空氣污染。工廠或汽車排放的廢氣雖然不會直接造成傷害，仍會影響茶的味道。因此第一泡最好倒掉別喝。或是倒入大量的熱水洗茶，讓茶葉中的澀味雜質隨著熱水流出壺外。

不過，海拔高未必就會種出好茶。若是土壤衰老的高海拔地區與土壤年輕的低海拔地區，後者的生長條件較優。許多來自盆地或山谷的茶也都是美味的好茶。

被群山包圍的盆地或山谷因為接觸到山中的空氣，能夠吸收芬多精。以梨山來說，雖然本身已是高山，就大面積來看，周圍還有更高的山包圍，可說是理想的茶產地。

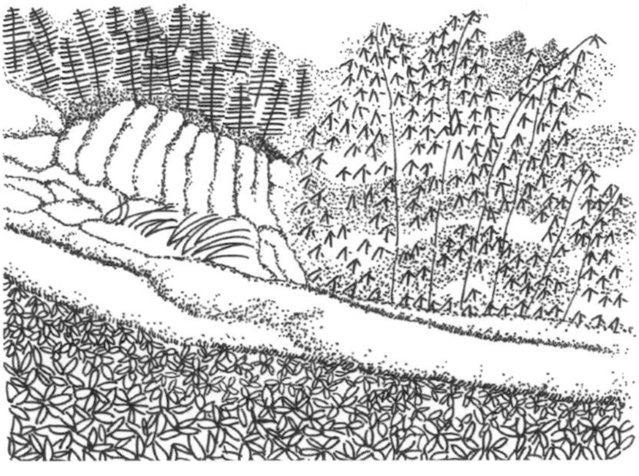

7. 洗茶：基於衛生考量，注入熱水後，趁茶葉尚未泡開，快速倒掉，不喝第一泡的茶。另外，有些人是為了去除冷氣，讓茶葉更易舒展而洗茶。

美味的理由之三　手工

除了培育茶樹的自然環境，製茶職人與當年的氣候也會大大地影響茶的美味與否。

高級烏龍茶至今從摘茶到烘焙等多道程序仍須仰賴人工。儘管現在揉茶等部分作業已導入機械化，經常還是由熟練的茶師憑感覺判斷製作。

為了產生好的香氣，高級茶全部以手採摘。要有似鮮花或果實的芳香或深厚滋味，重點在於採茶時[8]，從莖梗的部分小心摘下新芽與下方的兩、三片嫩葉。

現摘鮮葉得經過日曬蒸發葉中的水分。這是部分發酵茶特有的步驟，目的是讓香氣與味道充分釋出。原本是放在室外日

8. 烏龍茶的採茶時機：由主幹長出的分枝最初冒出的小葉稱為魚葉（胎葉），約莫長出五～十片葉子後，新芽就會停止生長。這時候真葉（正常發育的葉子）的柄與莖之間會形成極小的休眠芽（駐芽），沿著駐芽朝兩側伸展張開的葉子稱為對口葉。採茶時最好將對口葉連同軟莖一起採下。也就是採摘最上方的幼嫩新芽（一心）和下方的兩、三片葉子（二葉）。

曬，但在天候易變的高山通常是放在室內用暖氣蒸發水分。此時為了避免熱風的吹向造成發酵不均，必須不時地移動上下的茶葉，從茶葉的顏色或香氣觀察發酵程度，靠豐富的經驗與正確的判斷力，以及耐心且細心的作業完成這個步驟。

茶樹的育成至茶葉的加工，製作好茶的過程彷彿不可能的任務。但實際上，沒有一種茶能夠滿足所有條件。日曬時間不足會殘留青味或澀味，發酵程度不足會殘留苦味且香氣變差。一切要恰如其分，免得過猶不及。這些全由茶師憑感覺做判斷，難免會產生誤差。此外比起製茶者，天候更是左右製茶成果的要因。

茶鋪（茶葉專賣店，亦稱茶行）大量買入茶葉後，加以精製。味道被製茶者或天候影響的茶，經過茶師反覆試飲，判斷茶葉的狀態，思考烘焙的時機或方法。

烘焙原本是充分去除水分，延長茶葉保存期間的程序之一。但那不只是單純讓茶葉乾燥的步驟，烘焙的另一個目的是讓茶變得更好喝，將茶葉慢慢加熱，舒展葉脈的同時，釋放出澀味或苦味、雜質異味。據說烘焙技術是一子單傳，對茶師而言最高機密。人稱凍頂第一的陳阿蹺大師在過世之前始終不願意將技術傳承給兒子。

看似乾巴巴的茶葉，其實也像我們的皮膚會呼吸。每一片、每一粒的茶葉中濃縮著美味的理由。

美味好茶的法則

好喝的茶有固定的法則。採茶季節是冬或春季，海拔高度是可吸收芬多精的一千八百公尺以上的高山地區，充滿生命力的年輕茶樹，由經驗豐富的職人細心製茶，採茶到製茶的過程天候良好，符合的條件愈多，愈能做出優質茶。

・高山茶的「美味的理由」可依下述法則歸納：

	優質茶	非優質茶
季節	冬、春	秋（夏）
海拔	高	低
茶樹	年輕	衰老
製茶技術	高	低
天候	晴、低濕度	雨、高濕度

第三章　深奧的台灣茶

茶的個性四季皆異

日照時間或降雨量、氣溫或濕度的變化隨著四季更迭，持續影響各種生物的生長。古時中國的農民曆為掌握季節的變換，將一年分為二十四節氣[1]，茶是農作物之一，栽培也遵循農民曆。台灣屬於亞熱帶氣候，幾乎全年都能種茶，但季節的變化使茶產生差異。

例如採茶季節的雨量過多，茶味會變淡，因為寒冷導致生長緩慢，茶味就會變濃，季節或天候造就茶的個性。就算是廣

夏至一陰生，是以天時漸短；冬至一陽生，是以日晷初長。

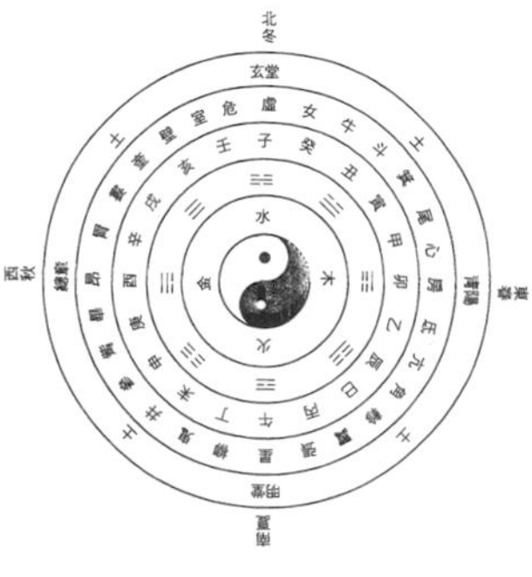

夏至陽氣最重的時候開始轉陰，冬至陰氣最重的時候開始轉陽。所謂物極必反，事情的轉機往往就是在最極端的時候出現。

1. 二十四節氣：自古以來人們認為萬物的變化是季節變遷或循環所致。為了正確判斷季節的變遷，農民曆的推算特別重視冬至。測量太陽影子的長度，決定冬至的日期時間後，和前年冬至的日期時間相比，從兩者的差異決定太陽年（回歸年）的長度。將此分為二十四等分，每等分約十五日，給予命名，稱為二十四節氣。

受好評的春茶，早春茶與晚春茶的香氣與滋味還是不太一樣。想品嘗美味的茶，了解季節與茶的個性很重要。

春茶

台灣農曆中，最初在田中灌水的季節（二月初至五月初）稱為頭水，在這段期間採的茶就是春茶。春茶俗稱頭水茶，相當於日本的一番茶。春茶是一年之中收成量最多的茶，人們在這段期間脫去厚重冬衣，讓皮膚更加透氣、充滿精氣。春茶的特徵是香氣清新，喝起來順口甘甜。

平地的一般春茶多是在三月底至四月初採收，四月中旬左右上市販售。年輕的健康茶樹在這個季節四十五～五十天就能採茶，所以五月中旬至下旬仍可採收春茶。不過這時候的茶是晚春茶，香氣弱且苦味強，具有夏茶的特徵。

若是降霜期長的高山，採茶則是每年一～三次，收成量也有限，這點必須留意。高山的春茶在立夏（五月上旬）之後，從海拔低的產地依序採收。待凍頂山和阿里山採收完後，終於輪到梨山的春茶採收期。五月下旬至六月買到的梨山春茶才會是真貨。

夏茶

立夏過後，小滿到芒種這段期間採收的茶稱為頭水夏，夏至之後採收的夏茶稱為二水夏。氣溫高、日照時間長的夏季，茶芽生長速度極快，因此立夏至處暑的三個月內就能採兩次茶。

夏茶的茶葉色深，葉體薄且硬。氣溫上升，紫外線會變強，所以茶的香氣或鮮味弱，澀味或苦味增加。除了東方美人茶[2]等特殊茶外，夏茶通常是製成廉價的業務用茶或當作罐裝飲料的原料。

一般夏茶的價格是春茶的一半，低價賣出用於加工之外，有些茶農不採茶，連同樹枝一起剪下當成茶樹的肥料。這是保護茶樹延長壽命的方法。

2. 東方美人茶：只採芒種前後大量出現的浮塵子啃咬過的茶葉製成的高級茶。詳細介紹請參閱68頁。

在海拔一千兩百公尺以上採收的高山夏茶也有採與不採的情況。但高山夏茶可以賣到茶舖，一般夏茶則無法。成本高於平地茶的高山茶不適合廉價的加工。若是沒有標明採茶季節的高山茶，可能是夏茶或秋茶，或是兩者的混茶。

撇開價格的問題，無法成為高級茶的夏茶並非毫無價值。盛夏時節攝取苦味強的食物有益健康，能夠消除體內暑氣。

自古以來，中國人為了養生保健，飲食上會留意陰陽調和。在中醫的觀點，溫性（陽）或涼性（陰）與食材的顏色或味道有關，茶也不外乎如此，寒色系的茶偏苦，屬涼性；暖色系的茶甘甜，屬溫性。

秋茶

介於春茶、冬茶與夏茶之間的秋茶，苦甜適中。經過了春夏的採茶後，儲存在秋茶內的營養物質已經減少。因此秋茶的新芽大小不一，味道顯得平淡。

不過，秋茶也和春茶一樣，依採茶季節會產生不同的個性。九月上旬至下旬採收的早秋茶，香氣弱且殘留澀味。儘管秋天已是十月底，在台灣仍持續著夏季的暑氣，所以茶也保有夏茶的個性。

霜降（十月下旬）之後採收的晚秋茶，香氣與鮮味成分慢慢增加變得美味。隨著東北季風南下氣溫下降，茶葉生長趨緩，成為滋味濃厚的茶。

梨山等高山茶因為夏茶的採收期短，不同於春茶較晚採收，秋茶的採收時期會提前。大概九月中旬至下旬就能買到梨山的秋茶。

冬茶

茶葉接觸到寒氣後，葉體增厚，儲存大量的成分。冬茶[3]是在立冬前後開始採收，隨著天氣變寒冷，真正美味的時節是在十二月左右。台灣位處亞熱帶，因此高山以外的地區幾乎全年

3. 冬茶：中國古代的農書《齊民要術》（五三〇～五五〇年，賈思勰著）中關於茶有這樣的描述：「冬季生葉，宜煮為羹飲。早採之物稱為茶，晚採之物稱為茗」，南北朝時代人們已在飲用冬茶。台灣採冬茶是近年才有的習慣。台灣茶的故鄉安溪的傳統慣例，製茶通常是十一月結束。

都能採茶，冬茶之中又以正月至農曆新年採收的冬片最為甘甜芳醇、少刺激。

冬片是冬茶採收後的初萌嫩芽。由於茶樹年輕，在海拔過高的產地無法採收。每年的氣候會左右冬片的收獲有無，在珍貴的冬茶之中不到百分之五，猶如至寶。台灣茶饕總會尋找冬片，因為他們知道這個時期的茶柔軟甘甜。

高山茶的冬茶是在十一月中旬至下旬上市。但採收前遇到降霜就無法製茶，所以每年沒有固定的採收季節和產量。

隨採收時期變動的茶價

日本是在五月上旬（時近八十八夜，即立春後的第八十八天。通常是五月二日前後）採收一番茶（首批春茶）。採收完最高級的一番茶後，七月至九月採收二番茶～四番茶，晚秋之後進入茶樹的休眠期。

至於適合茶樹生長的亞熱帶台灣，採茶季節和次數與日本不同。日本認為五月新茶是高級茶的常識在台灣並不通用。台灣的茶農會根據茶樹的樹勢或茶葉的生長狀況、生產性來決定採茶季節和次數，因此沒有固定模式。

以產地及樹勢皆屬標準的茶來說，通常依以下模式，每年採收三～四次。

正春茶↓（夏茶[4]）↓正秋茶↓正冬茶

不過若是同等的產地，茶樹又年輕健壯，就會變成一年採收四次，除了春茶還能採收到高級的冬茶與冬片。

早春茶↓早秋茶↓早冬茶↓冬片

採茶模式經常受到樹勢、茶園的海拔、緯度高低、每年的氣候等因素左右。販售高級茶的良心茶行不會只看海拔高度，

4. 夏茶：重視茶樹壽命的茶農不採夏茶，將剪下的樹枝當作肥料，讓茶樹獲得充足休養。

也會明確掌握採茶季節，做出綜合判斷，設定合理的價格。

茶葉中所含的化學成分依茶樹品種、栽培地、生長部位、製茶方法等而異，即使是相同的茶樹，成分也會依採茶季節而改變。

下圖是「生茶葉所含的成分」。因為成分會依採茶季節而改變，下圖的成分比例僅供參考。茶的鮮味成分游離胺基酸的含量是冬茶、春茶較多，夏茶、秋茶較少；苦味成分的咖啡因量是秋茶、夏茶較多，冬茶、春茶較少。

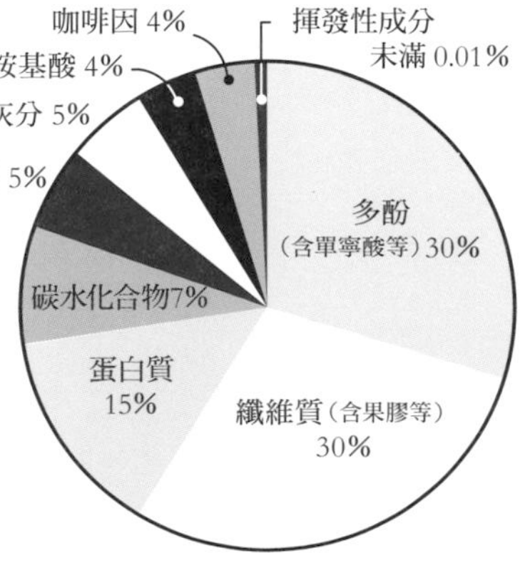

（※數值資料出自林木連先生主編的《台灣的茶葉》）

●

根據這個原理，整理成左頁的「採茶季節與茶葉價差表」。依採茶季節評價茶的品質，以五顆★表示等級。

從「早春茶」到「冬片」共十一種茶，主要針對「茶葉鮮甜程度」、「香氣的強弱與持續性」、「葉肉的厚度與柔軟度」

進行評價。就算是相同產地的茶，品質也會依採茶季節而改變，於是產生價差。

·採茶季節與茶葉價差表[5]

	依摘茶季節分類	茶葉品質綜合評價 評價內容： 茶葉觸感（厚度、柔軟度） 香氣（強弱、持續性） 味道（甜味、高雅）	全年收成量比率	各季成本比率 （以正春茶的價格為100%）
春茶	早春茶	★★★★☆	40%	105%
	正春茶	★★★★		100%
	晚春茶	★★☆		80～90%
夏茶	（正）夏茶	★	30%	50%
	晚夏茶	★☆		
秋茶	早秋茶	★★	25%	60～70%
	正秋茶	★★☆		
	晚秋茶	★★★		
冬茶	早冬茶	★★★☆	5%	90%
	正冬茶	★★★★☆		105%
	冬片	★★★★★		110%

※比較採茶季節不同的同產地茶葉的情況

5. 採茶季節與茶葉價差：因為茶葉所含的化學成分量經常隨著季節改變，茶葉的品質也會依採茶季節產生差異。原本應該會如上表所示反映在成本上，但消費者通常不會受益。

新茶與陳茶，生茶與熟茶

新茶的魅力和烏龍茶的實力

扣除部分的茶種，通常茶葉是愈新愈有價值。譬如說包裝上已有標示十二個月等明確的品質保證期限，過了那段期間，品質就會出現變化。茶葉有光澤、新鮮的味道與香氣是新茶獨有的特色。可是過了品質保證期限，保存條件變差，茶葉會失去光澤、褪色，茶香也會消退減弱，茶湯水色變暗，味道也受到影響。茶葉的變質與茶葉所含的成分發生化學變化有關。

以最易劣化的不發酵茶綠茶為例，「新茶」特有的香氣來自某種揮發性物質。因為揮發性高，香氣會隨著時間自然消失。若將綠茶長時間常溫保存，顏色會從綠色變成紅褐色，這是綠茶的鮮綠色，也就是茶葉所含的葉綠素受到熱或光破壞所致。

此外，茶的單寧酸（多酚）或維生素C、脂質也會在保存過程中自然氧化。一旦氧化就會影響茶的顏色或味道，讓新茶失去特有的刺激性，產生彷彿日曬後走味的不新鮮氣味。而且，茶葉所含的胺基酸也會慢慢減少，使新茶的鮮味逐漸變淡。

台灣將新茶特有的新鮮味道稱為「新味[6]」，但這種新味卻令人分不清烏龍茶原本的味道或香氣。

鑑定茶的專家必須靠與生俱來的優秀感覺與豐富經驗才能做出正確的判斷。

買來後剛開封的茶，若不是鑑定名人，很難判斷品質的優劣。茶原本的味道與香氣要在開封後一至兩週才會慢慢顯現。附著在茶葉表面的新味消失後才能確認的風味正是茶的實力。

6.新味：台語發音為 sin-khuì。

愈陳愈香的陳年烏龍茶

當新味隨著時間消失，大部分的茶會變得沒那麼好喝。不過，茶葉內層儲存香氣或鮮味的高級茶喝起來會依然美味。紹興酒的標籤上常寫著「陳十年」等熟成年數，台灣的烏龍茶也有像酒一樣擺放數年進行熟成的上等茶。若是部分發酵茶，並非所有茶都能進行熟成，這個原理與佳釀酒相同。必須是品質好的葡萄酒和烏龍茶才能進行熟成。

成為陳茶（陳年茶）的首要條件是，茶葉品質好的茶。由於茶葉內所含成分豐富，沖泡之後，即使茶湯冷卻仍保有香氣。這樣的茶在台灣稱為「帶水香」。

要種出帶水香的茶，條件是年輕土壤和年輕茶樹。尤其是開墾原生林栽培的茶，不需要施肥，順其自然健康生長就能成為優質的茶。但製茶者的技術也會有所影響，只有經驗老道的人才判斷得出茶的熟成年數。

陳年茶是每隔二至三年確認狀態進行烘焙，熟成二十年的陳年茶約可保存半世紀。歲月孕育而成的陳年茶有著類似普洱茶的風味，無刺激性，有益身體。

陳年茶確實有益身體，有報告指出因茶醉（或稱醉茶）而感到身體不適的人，飲用「陳二十五年凍頂烏龍茶[7]」後，不舒服的情況就改善了。另外像是腸胃差的人，或空腹時飲用發酵程度低的茶，有時會覺得頭暈目眩、噁心想吐。這時候喝陳年茶，噁心想吐的感覺就會消失。彷彿具有藥效的陳年茶，高齡者或體質虛弱的人也能安心飲用。

7. 陳二十五年凍頂烏龍茶：圖片請參閱126頁。

年輕人偏好生茶，中老年偏好熟茶

「生茶」與「熟茶」的差異，乍看之下與新茶與陳茶類似，其實卻是截然不同。這是表示部分發酵茶烘焙程度的說法，介於生茶和熟茶之間的稱為「半熟茶」。

部分發酵茶通常以發酵程度分類，台灣將輕、中發酵茶定義為包種茶，重發酵茶是烏龍茶。烘焙是製茶最後階段進行的烘茶作業。去除多餘水分不光是為了保持品質，也是帶出溫潤美味的技術。

烘焙程度依次數或花費的時間分為輕火、中火、重火，成品即俗稱的生茶、半熟茶、熟茶。

在台灣隨著高檔化趨勢的興起，未經烘焙的生茶比例逐年持續上升。生茶有著似花香的新鮮茶香，爽口俐落的味道是其魅力。另一方面，仔細烘焙過的熟茶受到烏龍茶專家的喜愛，無刺激性的溫潤口感與深厚滋味令人著迷。

如果找到喜歡的茶，請試喝比較烘焙前後的味道。良心經營的茶鋪都會接受這樣的要求。咖啡豆的烘焙程度會大大影響咖啡的風味，由此可知茶的烘焙也很重要。

生茶

熟茶

生茶：烘焙前的茶葉保有高山茶特有的高雅香氣與鮮味。外觀很翠綠，莖梗也呈現淡綠色。圖為杉林溪春茶烘焙前的茶葉。

熟茶：烘焙後的茶葉變成偏紅的暗色。香氣及味道變得穩重，感受得到烘焙茶特有的芳香。經過反覆烘焙的茶葉上有明顯的揉茶痕跡。圖為杉林溪春茶烘焙後的茶葉。

嚴選高山茶

生長在海拔二千公尺以上的台灣高山茶，在世界上是破例的海拔高度。台灣屬於亞熱帶，平原地區冬季並不明顯，梨子、蘋果等作物便都種植在高山地區。後來經不斷鑽研、追求茶的原味，台灣茶也變成高山地區栽培[8]的作物。

高山的日夜溫差大、經常起霧，具有特殊的氣象條件。雖是培育好茶的優良環境，卻也算是險地，加上天氣寒冷，茶葉收成量有限。而且，從採茶到製茶都在高山進行，天候或製茶者對高山茶的品質影響甚大。實際上頂級的高山茶產量稀少。

不過，隨著高山茶人氣高漲，近來市場上陸續出現冠上高山茶名號的茶。到茶餐廳點「高山茶」的話，有時會喝到欠缺香氣、機械採摘的粗茶，鬧區商家或名產伴手禮店也會販賣茶園面積有限的品牌高山茶。

8. 高山地區栽培：台灣茶的栽培是由北往南、由西往東，由低地往高地發展。

接下來為各位介紹幾款現在位居台灣茶巔峰，名副其實的高山茶。

大禹嶺茶（台中市與花蓮縣交界處附近／海拔二六〇〇公尺）

隔著中央山脈的山脊，位於梨山另一側的大禹嶺是海拔達二千六百公尺世界第一高的茶產地。超過這個高度，森林愈來愈稀疏，可說是茶田的生育臨界點。被視為極品高山茶的大禹嶺茶，由於茶園面積有限，產量不一，在台灣只有政府重要人物等特定階層的人買得到，是一般人鮮少知道的夢幻之茶。

福壽山茶（台中市和平區／海拔二四〇〇公尺）

梨山是高山茶的著名聖地，幾乎沒有其他地方比得上此地。梨山的福壽山農場生產的優質高山茶通稱「福壽山」。福壽山農場最高處有個天池，池畔有座蔣介石時任總統期間屢次造訪的達觀亭。這個海拔二千五百八十公尺的地方也是廣為人知的

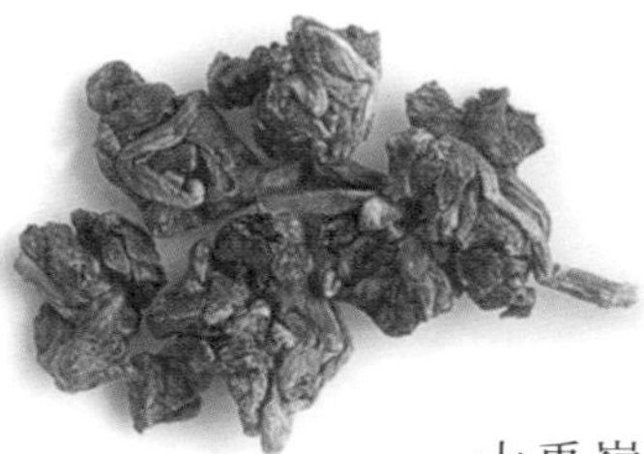

大禹嶺茶

觀星絕佳景點。

梨山茶（台中市和平區／海拔一五〇〇～二四〇〇公尺）

說到梨子的故鄉、茶的聖地就會想到梨山。台灣最早栽培梨子或蘋果等作物的地方就是梨山。梨山雖已稱得上高山，周圍還有更高的中央山脈與雪山山脈等群山。除了森林的香氣，梨山茶更以果樹散發的香氣與果實肥料為養分培育而成，可謂生長在極優的生育環境。不過，受到霜害就無法採收，製茶上有諸多問題，導致每年的品質及產量不一。

阿里山茶（嘉義縣阿里山／海拔一〇〇〇～一六〇〇公尺）

海拔高達三千九百五十二公尺的台灣最高峰玉山，西側的山脈就是阿里山。一九八〇年代初期，阿里山的山腰開始進行茶的栽培，當時視為茶藝界新星備受關注。阿里山珠露茶等冠上阿里山名號的茶也是知名的高級茶。

杉林溪茶（南投縣竹山鎮／海拔一六〇〇～一八〇〇公尺）

一九八〇年代初期，竹山鎮照鏡山栽培新品種的金萱、翠玉之後，竹山茶園從低地往高山地區發展。生長在海拔一千六百公尺以上的高山森林，周圍有杉樹或竹子等環繞，杉林溪茶是以高級品種軟枝烏龍、青心烏龍製成，茶中感受得到森林香氣的山頭氣。

霧社茶、廬山茶（南投縣仁愛鄉／海拔八〇〇～二〇〇〇公尺）

仁愛鄉的高山地區約莫是三十年前開始種茶。連綿不絕的中央山脈深處散布茶田。複雜的地形構成分散獨立的茶區，各自擁有差異微妙的氣象條件。全年低溫、日夜溫差大的仁愛鄉所產的茶通稱為高山茶。

冠上產地名稱的品牌茶有霧社的「天霧茶」與廬山的「天廬茶」。

現代的帝國茗茶「冬片」

冬片是在冬季採收、產量極少的茶。因散葉易成碎片，故得此名。原本茶樹在冬季結束剪枝後就會進入休眠期，但冬片就是要在寒冷的季節採收。因為寒冷，採收的量有限，有無收成、採茶季節依該年的天候而異，味道、香氣皆難得可貴，是別於春茶的特色。

成分豐富的冬片，茶湯濃稠厚重，即使搖晃茶杯也不太會晃動，倒茶時形成的泡沫也不太會消失，比起其他茶，香氣與味道的持續性相當優秀。

太陽往南移動的冬季，太陽光線通過臭氧層的距離變長，紫外線變弱、氣溫降低。茶葉所含的單寧量減少，甜味與香氣成分增加是冬片的特色。此外，由於空氣乾燥清澈，基本上冬茶的水分和雜味少，耐保存。

雖然冬片的定義因人而異，嚴格說來，就是在接近冬至的十二月下旬左右採的茶。立冬前採完早冬茶後的初萌新芽非常珍貴。粗估五十~六十天就能長出新芽，但在寒冬時期，除非是未降霜、海拔一千兩百公尺以下的茶園，加上茶樹年輕健康，否則長不出新芽。冬片主要在凍頂或竹山、阿里山等部分地區才採得到。

原本冬片是農家留著自飲的茶，茶農都熟知冬片的美味。據說他們還會特地保留下來悉心存放，當作女兒的嫁妝。

為了採冬片，茶樹也會受到特別的保護。每年施以優質堆肥，讓土壤休息，限制採茶次數，使茶樹獲得充分的休養。用心照顧茶樹與土壤，就算過了十多年仍能採收冬片。

另外還有一個方法是，直接砍掉因頻繁採茶而失去活力的茶樹樹幹。保留約一半的樹根與樹幹，其餘的砍掉，然後給予

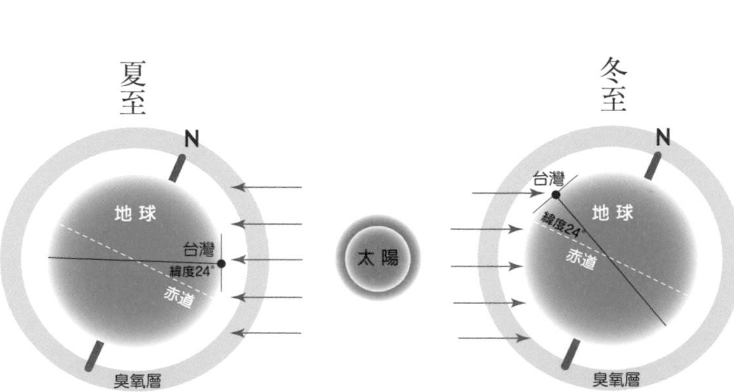

充足的優質肥料。這麼一來，地底的樹根會立刻吸收養分，開始長出強韌新芽。

隨著製茶技術進步，茶文化變得充實，人們愈來愈追求茶的美味。從栽培的工夫到採茶季節，努力研究的結果，正是頂級的早摘茶冬片。自古以來，中國及日本都很珍視早春茶，不過冬片可說是現代的帝王茶。

冬片美味的理由：陽光幾乎是從上方直射的盛夏，紫外線以短距離通過臭氧層強力照射，使得茶的苦味成分增加。相較之下，冬片受到紫外線的影響最少，茶原本的甘甜突出變得美味。

春茶

二十四節氣新曆

立春：二月四、五日
雨水：二月十九、二十日
驚蟄：三月五、六日
春分：三月二十、二十一日
清明：四月五日
穀雨：四月二十、二十一日

依採茶季節分類

早春茶

正春茶通常在清明至穀雨之間採收，稱為春芽春採。若是年輕健康的茶樹，在天氣尚冷的驚蟄就能採收早春茶。早春茶含有冬片的成分，茶葉柔軟、甜味明顯。

正春茶

雖然還不到立夏，但因日照強烈加上吹南風，春茶已帶有夏茶的風味。

北部的高山地區，由於氣溫偏低，立夏之後從五月中旬至下旬進行採茶。

夏茶

立夏：五月六、七日
小滿：五月二十一、二十二日
芒種：六月五、六日
夏至：六月二十一、二十二日
小暑：七月七、八日
大暑：七月二十三、二十四日

晚春茶

氣溫高、日照時間長，茶葉長得快也易老化。茶葉顏色暗又硬，苦味成分增加。

（正）夏茶

採收的夏茶通常用於廉價的加工用或業務用。夏至之後採的茶，價值最低。

晚夏茶

東方美人茶（白毫烏龍茶）是只採收六月初被浮塵子啃咬過的茶葉，在夏茶之中是例外的高級茶。

台灣茶採茶曆

秋茶

立秋：八月七、八日
處暑：八月二十三、二十四日
白露：九月八、九日
秋分：九月二十三、二十四日
寒露：十月八、九日
霜降：十月二十三、二十四日

早秋茶

立秋過後台灣進入颱風季，處暑相當於酷暑，所以茶不太好喝。

正秋茶

秋分之後日照時間縮短，日夜溫差也會變大。天氣提早變冷的話，茶葉所含的香氣成分增加，茶變得更美味，但颱風或豪雨持續就無法採收。

晚秋茶

高山地區是從白露至秋分之間進行採茶。

冬茶

立冬：十一月七、八日
小雪：十一月二十二、二十三日
大雪：十二月七、八日
冬至：十二月二十二、二十三日
小寒：一月五、六日
大寒：一月二十、二十一日

早冬茶

若是年輕健康的茶樹，採完早冬茶後過了冬至就能採收冬片。不過，冬芽冬採的冬片產地有限，如果是暖冬，隔年要過了小寒再採收。

正冬茶

高山地區是從霜降至立冬前後採收最後的茶，之後茶樹就要進入休眠期。

冬片

乾燥的北風培育出香氣濃郁、甜味充足的茶，但遇到霜害或雹害就無法採收，故冬茶每年的收成量不一。

第四章　到台灣尋找對味的茶

烏龍茶與包種茶

客觀比較台灣烏龍茶與大陸烏龍茶的差別，首先是發酵程度的差異。大陸烏龍茶多是五十～六十％的中發酵茶，台灣烏龍茶則是八～三十％左右的輕發酵茶為主。儘管名稱上統稱烏龍茶，過半發酵的大陸烏龍茶與部分發酵的台灣烏龍茶在風味上仍有差異；台灣的部分發酵茶在學術上則分為烏龍茶和包種茶。

像「青心烏龍」、「軟枝烏龍」這些名稱，當中的烏龍原為茶樹的品種。例如凍頂烏龍茶或高山烏龍茶（通稱高山茶）的烏龍也是茶樹的品種。不過，烏龍也是製茶方法的名稱之一。代表製茶方法時，意指發酵七十%左右的重發酵茶，目前只有東方美人茶（白毫烏龍茶）符合。

原為武夷山茶製茶技法之一的包種茶[1]，特徵是八～三十%的輕發酵。多數的台灣茶皆屬包種茶，比起大陸烏龍茶，香氣、味道都比較新鮮。

烏龍茶／OOLONG TEA

〔**東方美人茶**〕即白毫烏龍茶

台灣最早生產的烏龍茶是十九世紀中葉風靡一時的「福爾摩沙烏龍茶」。目前只有東方美人茶採用七十%左右的重發酵古製法。與高級紅茶一樣，手摘細嫩的一心二葉，完成的形狀接近採下時的狀態。

1. 包種茶：根據茶學史，包種茶是嘉慶元年（一七九六年）由福建省安溪人王義程發明出來的茶。古時的包種茶是配合中國人喜好創造的一種薰花茶，後來改良的包種茶未經薰花處理，而是透過製茶技法產生花香。根據揉捻後的茶葉形狀，分成條型、球型與半球型三種。詳細介紹請參閱66頁。

包種茶／POUCHONG TEA

〔條型包種茶〕文山包種茶、南港包種茶等

將茶葉扭成細長條狀的包種茶在台灣及日本通稱「包種茶」。包種茶在台北蓬勃發展，文山地區的包種茶品質最優廣為人知。發酵程度是極輕的十％左右，別名「清茶」。重焙茶有熟火包種等。

〔球型包種茶〕木柵鐵觀音

球型包種茶只有鐵觀音茶。鐵觀音原是福建省安溪的特產茶。約莫百年前，鐵觀音這款茶樹品種與製茶技法傳至台灣。將茶葉包在布中仔細搓揉成圓球狀。發酵程度為較高的三十～五十％，是最接近大陸烏龍茶的台灣包種茶。

〔半球型包種茶〕高山（烏龍）茶、凍頂烏龍茶等

半球型包種茶可說是介於條型包種茶與球型包種茶中間的茶。起源於二十多年前，為了參加茶葉品評會，將凍頂茶加工成安溪鐵觀音茶，別名凍頂烏龍茶。

茶葉搓揉成粒狀後，體積小方便運送，而且風味濃縮，茶湯滋味變得更好。雖然兩者都是球型，凍頂烏龍茶的發酵程度是較輕的十五～三十％，帶有清新的花香。

近年台灣因為高檔化趨勢，喜愛清茶的人變多，高山茶的需求也跟著增加。因此揉捻茶葉時不能讓溫度升得太高，加快解塊（鬆開黏結成塊的茶葉）、揉捻的速度等，改良過去的製茶方法，減輕發酵程度。清新中保有特殊滋味與香氣的高山茶魅力與製茶方法也有關連。

次頁將台灣茶以發酵程度與製造觀點進行分類。藉由特有的「萎凋與攪拌」步驟人工調整發酵程度的部分發酵茶，會因發酵階段花費的時間差異產生不同的風味。

台灣茶的分類

1. 發酵程度與茶的分類

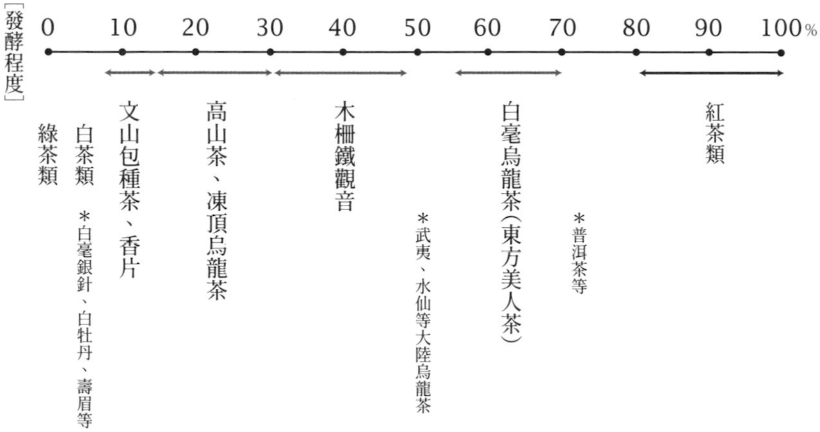

2. 現在的包種茶與烏龍茶

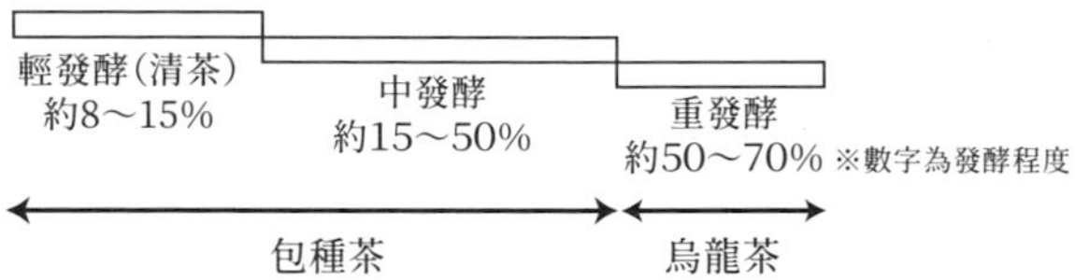

3. 依製造方法而異的部分發酵茶

台灣茶在製造上概分為3類：輕發酵、中發酵、重發酵。主要是透過部分發酵茶不可或缺的工程「萎凋與攪拌」調整製成。

①文山包種茶(條型包種茶)／輕發酵
生茶葉→日光萎凋→室內萎凋、攪拌→殺菁→揉捻→乾燥　完成

②高山茶、凍頂烏龍茶(半球型包種茶)、木柵鐵觀音(球型包種茶)／中發酵
生茶葉→日光萎凋→室內萎凋、攪拌→殺菁→揉捻→乾燥→團揉→再乾燥　完成

③東方美人茶(白毫烏龍茶)／重發酵
生茶葉→日光萎凋→室內萎凋、攪拌→殺菁→回軟→揉捻→乾燥　完成

台灣茶四天王

除了近年愛好者增加的高山茶，台灣還有幾款代表性的名茶。清代從福建傳入茶與正宗的製茶技術後，主要在台灣四個地區[2]傳承下來，之後發展為台灣特有的精製茶。

淡水河流域的文山包種茶、東方美人茶、木柵鐵觀音、南投縣鹿谷鄉的凍頂烏龍茶，就是上述所說的四款名茶。

台灣茶擁有南國芬芳蘭花或成熟水果般的豐富茶香，以及一般綠茶或紅茶都沒有的神祕滋味，對茶迷來說是頂級且世界少有的珍貴茶。

接下來就為各位介紹四種具代表性的台灣名茶。

2. 初期的台灣四大茶產地

包含淡水河流域的台北一帶：眾所周知的包種茶與東方美人茶的產地，這個區域的茶皆傳承福建省北部武夷山茶的風格。扭成條索狀的茶為主流。起源是一七九六～一八二〇年（清代嘉慶年間）名為柯朝之人傳入武夷山茶，於現在新北市瑞芳開始栽種。茶園沿著淡水河流域開拓，北往宜蘭縣，南往新竹、苗栗縣發展。

台北市木柵區：台灣唯一在台北近郊木柵地區生產鐵觀音茶。使用鐵觀音這個品種，以炭火細心

一、文山包種茶（新北市文山茶區）

包種茶原為薰花茶的一種。薰花茶是元明代已流行於江南地區的花香綠茶。

嘉慶元年，由王義程改良發明的包種茶，名稱由來是將少量的薰花茶用紙包起來販售。

清代嘉慶年間（一七九六～一八二〇年）武夷茶苗傳入台灣。多達六十七種的茶苗開始在瑞芳地區、淡水河流域試種。當中又以青心烏龍這個品種的適應力最佳，生根於台北一帶。之後從福建省南部的安溪找來製茶名人傳授半發酵茶的製茶技法，學習並傳承。

一八七三年，出口的主力產品烏龍茶滯銷，為了解決這個問題，便決定進行包種茶製作。將庫存的烏龍茶用茉莉花或桂

揉捻的傳統製法起源於一八七五年，由張迺妙、張迺乾兄弟在木柵樟湖地區種植安溪的鐵觀音。為褒揚張氏兄弟的功績，整修舊居設立了「張迺妙茶師紀念館」。

南投縣鹿谷鄉：凍頂烏龍茶是以福建省南部安溪的製茶技術為範本，將茶葉包入布中搓揉，形成蝌蚪狀的半球型。起源是一八五五年，赴大陸參加科舉考試的鹿谷人林鳳池返鄉時帶回茶苗。後來台灣中部也開始種茶，範圍又延伸至竹山鄉、民間鄉等地，海拔一千公尺以上的高山地區被開拓，於是凍頂烏龍茶被稱為高山茶。

屏東縣恆春：港口茶始於一八七五年，武夷山茶種被傳入台灣。至今依然傳承以種子繁殖的方式，被視為古式烏龍茶的典型，但嚴格說來並非半發酵茶。製法極似安徽省、浙江省一帶的眉茶（※詳細介紹請參閱台灣茶名小事典的港口茶）。

花（木樨）等香花薰製，吸附香氣後去除香花做成花茶（亦稱香片[3]）。迎合中國人喜好的包種茶也受到南洋華僑及東北人熱愛。一八八一年，福建同安茶商吳福老（另有一說是吳福源）將正宗的包種茶製茶技術傳入台灣，此後包種茶的需求急速增加。

以前的包種茶屬花茶的一種，但一九一〇年代由南港的王水錦、魏靜時改良發明出不薰花的包種茶後，改良式包種茶逐漸成為主流。未使用香花卻擁有芬芳香氣的改良式包種茶，從茶園的管理到選擇採茶季節和時段、促進茶葉發酵的工程都要細心留意。

透過高度技術與管理誕生出來的現代包種茶是台灣僅有的特產。雖然包種茶在台灣各地皆有生產，但以台北為中心的北部茶區南港、汐止、三峽，特別是文山地區所產的文山包種茶最為有名。文山包種茶的特徵是細長條狀，發酵程度為極輕的十％左右。因為清新的滋味與花香，別名亦稱「清茶」。

文山地區包含坪林、石碇、平溪等一帶。茶葉博物館所在地的坪林是北台灣最大的包種茶產地，文山茶區與南投縣松柏

3. 香片：台灣產的花茶多以包種茶為基底，採包種茶七：香花三的比例混合製成。花茶的等級相當於薰花的次數，薰花一次是包種花茶，二次稱為雙薰花茶。

茶區曾為台灣茶的兩大產地。然而，象徵量產時代、針對出口設立的大型製茶廠出現後，茶區沒落，生產規模也隨之縮小。

即使時代改變，製茶者與購茶者的認真態度依然維持住品牌茶的品質。

二、東方美人茶／白毫烏龍茶（新竹市、苗栗縣、桃園市、新北市）

過去曾有「三箱（一箱十五公斤）烏龍茶的價錢相當於一棟房子[4]」的時代。其中所說的烏龍茶，正是福爾摩沙烏龍茶。福爾摩沙烏龍茶是茶芽前端長有白色纖毛的白毫烏龍茶，亦稱東方美人茶。

這種茶其實是偶然的產物。茶園的經營除了茶樹休眠的冬

4. 三箱烏龍茶的價錢相當於一棟房子：十七世紀中葉，英國海軍部高級官員塞繆爾．皮普斯（Samuel Pepys）在生前的日記中曾寫到「僅一百克就等於一般職人日薪的數十倍」，可見茶葉曾經是非常高價之物。

季，幾乎沒有休息。每年春季在穀雨之前開始採茶，慢慢迎接收成的高峰期，結束採收後又會長出新芽。但一不小心疏於留意，茶樹的縫隙之間會長出雜草，使茶葉遭受蟲害。

水稻害蟲浮塵子[5]啃咬過的茶葉會變紅且停止生長，葉子前端捲曲。但茶農捨不得丟，於是製成茶。他們將這款茶送給歐美貿易商試喝，卻意外大獲好評。

由於喝來味道甘甜清爽，帶著濃郁蜜香，茶湯為深橘色，與最高級茶相比毫不遜色，此茶後來以高價賣出。茶農將此事告訴鄰居，卻遭訕笑「椪風[6]（客語的吹牛）！」，於是有了椪風茶這個稱呼。椪風茶在英國[7]極受好評，還以「東方美人茶」之名獻給王室。

此茶另有香檳烏龍茶這個別名。在福爾摩沙烏龍茶裡滴數滴白蘭地，喝起來有如香檳般美味，在歐美國家遂稱為「香檳烏龍茶」。

出乎意料偶然誕生、風靡一時的福爾摩沙烏龍茶，是每年芒種（六月初）前後，在無風悶熱的日子大量出現的浮塵子帶來的

5. 浮塵子：台灣稱為小綠葉蟬，日本寫作雲霞等，分類上屬於蟬的同類。種類多達百種，體長多為五公厘左右，以細長的口針吸食植物的汁液。盛夏時大量出現的白背飛蝨等會隨著溫暖的西南風展開大移動，原因目前仍不明。

6. 椪風：原本寫作「膨風」，由來是青蛙的肚子，意指吹牛。購買食用蛙要盡量挑選身體圓胖的青蛙，但圓鼓鼓的肚子裡其實都是氣體，由此衍生出吹牛之意。

7. 英國：英國的喝茶習慣始於王室。英王查理二世之妻凱薩琳王后將喝茶的習慣從葡萄牙帶至英國推廣。之後快速滲透民間，成為國民飲料的茶也普及至英國人移民的美國等地。

恩惠。被浮塵子啃咬過的茶葉，便會在樹上開始發酵。此茶之所以珍貴，與香蕉在樹上成熟與收成後成熟的差異有些類似，以浮塵子為媒介在樹上發酵的茶與人工發酵的茶有著明顯的差異。

加上浮塵子不會啃咬整株新芽，而是依喜好啃咬茶芽。未被浮塵子啃咬的茶便是不美味的夏茶，採收時要選大熱天顏色變紅的茶葉。更重要的是，為了讓浮塵子啃咬，絕對不能使用農藥。

白毫烏龍茶可說是高級烏龍茶的代名詞，佳品葉短厚實，如同其名，紅黃白褐綠五色交雜的茶葉長著白色纖毛。白毫烏龍茶現在也以高價賣出，年產量不多，約五萬斤[8]（三十噸），主要產於苗栗縣（頭屋、頭份）、新竹市（北埔、峨眉）、桃園市、新北市。

試著將福爾摩沙烏龍茶倒入香檳杯喝喝看。直接從茶葉上注入熱水，邊欣賞一心二葉在琥珀色茶湯中舞動的姿態邊細細品味，能體驗勝過香檳的享受。

8. 台斤：一台斤＝六百公克

三、木柵鐵觀音茶（台北市木柵區）

木柵鐵觀音茶是台灣唯一的球型包種茶。這款茶的發酵程度是較高的三十～五十％，也是最接近大陸烏龍茶的台灣包種茶。鐵觀音原是福建省南部安溪的特產。誕生於清代乾隆年間（一七三五～一七九五年）的鐵觀音茶已有將近三百年的歷史。與北部的武夷山茶並稱福建烏龍茶雙璧。

鐵觀音種茶樹在一百二十多年前傳入台灣。由清代末期木柵的張迺妙兄弟從安溪帶回茶苗，在樟湖山（現在的指南里）開始種植。之後當地持續承襲鐵觀音種的栽培與鐵觀音製法。

傳統的鐵觀音製法相當費時費工，是安溪傳來的製茶方法之一。摘下的鮮葉透過日光萎凋與室內萎凋慢慢蒸發水分、促進發酵。充分發酵過的茶葉在半夜或隔日加熱停止發酵，將茶葉包入布中搓揉。布中的茶葉黏結成塊後，取出鬆開再搓揉，這樣的步驟重複數次。仔細搓揉成球型後，放在焙籠上以炭火的文火慢慢烘乾。

如此費心完成的鐵觀音茶佳品，芳香好比熟果，略帶酸味，極為潤喉。

不過，近年來瓦斯或電取代了炭火，製茶時間也有縮短的傾向。因為稀少而價高珍貴的鐵觀音茶不僅優質品變少，愛好者也趨於減少。

另外，台灣因適應性或栽培上的困難，鐵觀音品種的產地只限木柵地區，以「正欉鐵觀音茶」的標示加以區別。僅標示「鐵觀音茶」的話，也有可能是鐵觀音以外的品種。

四、凍頂烏龍茶（南投縣鹿谷鄉）

說起台灣茶中最具知名度的茶，莫過於凍頂烏龍茶。

凍頂是南投縣鹿谷鄉彰雅村的山名。凍頂烏龍茶的茶園主要位於海拔三百～八百公尺的地區，氣候溫暖、雨量充足，多陰霧的地帶。凍頂之名的由來是走在濕滑山路前往採茶的路上，腳尖總得用力，以「凍腳尖」的狀態爬向「山頂」。

凍頂烏龍茶的「烏龍」是茶樹的品種名。學術上屬於半球型包種茶，特徵是發酵程度較輕的十五～三十%。和鐵觀音茶一樣用布包覆搓揉成球型。

約莫一百五十年前，武夷山的某種烏龍茶[9]傳入台灣，種植於凍頂山展開了凍頂烏龍茶的歷史。一九九〇年代，當地發現了樹齡一百五十年的茶樹，高度達一層樓建築的屋頂。

後來除了凍頂山所在地的彰雅村，附近的永隆村、鳳凰村也開始種茶，這些茶都稱為凍頂茶或凍頂烏龍茶。凍頂茶廣受好評後，在鹿谷鄉以外的產地採的茶也稱作凍頂茶，凍頂二字漸漸從產地名變成商品名，聲名遠播。因此，這款茶從高級品到普及品

凍頂　麒麟潭

9. 某種烏龍：有一說是青心烏龍，另有一說是軟枝烏龍。

都有，品質良莠不齊、價格不一。

傳統的凍頂烏龍茶，茶葉是帶光澤的墨綠色。沖泡時散發濃郁香氣，茶湯為偏橘的深黃色，滋味醇厚，發酵階段花了充足的時間製作。經過充分發酵，帶著烘焙香的古式凍頂茶深受平時重口味或嗜酒嗜菸者的喜愛。

不過，近年來因為消費者偏愛花香和清新的滋味，大部分的凍頂茶都減輕了茶葉的發酵程度。相較於大陸烏龍茶，味道感覺比較新鮮。

凍頂茶的好評已根深蒂固，在鹿谷鄉舉辦的品評會[10]逐年白熱化。但隨著海拔愈高的茶愈美味的認知高漲，近年參與品評會的茶幾乎不是凍頂產。如今多數的茶農為了獲獎，以高山茶佯裝成凍頂茶。為了在競爭優良品質的品評會獲獎，寧可冒風險購買高價的茶。

因此可說在茶葉品評會得名的凍頂茶與一般茶行販售的凍頂茶可說是截然不同之物。

10. 品評會：茶葉品評會始於日治時代，在一九八〇年代後的台灣泡沫經濟期迎來巔峰。

有人指出高山茶與凍頂茶的決定性差異除了海拔高度，就是土壤。無論土地是否肥沃，為了提高生產性，大量使用化學肥料，成為凍頂茶成敗的關鍵。

長出好茶的茶樹

據說茶樹是相當長壽的植物。生物學上有壽命數百年至一千年以上的茶樹，雲南省發現的老茶樹，甚至樹齡高達一千七百年。

不過，相較於悠久的壽命，能夠大量採收優質茶葉的期間卻很短，頂多二十～三十年。茶樹進入衰退期後，發芽數漸減，葉寬變窄、厚度變薄，莖梗也開始像樹枝一樣硬。茶葉所含的成分也會減少，味道或香氣等茶葉的品質降低。

為了大量採收優質茶葉，不斷改良創造出栽培品種。台灣目前已有九十多種栽培品種。

台灣茶最早的文獻記錄出於荷蘭人所撰的《巴達維亞城日誌[11]》。他們看到了台灣自生的野生茶（山茶）。當時是明

青心烏龍

11.《巴達維亞城日誌》：十六世紀末，進出亞洲各地的荷蘭把活動據點設在今日的雅加達，將該地命名為巴達維亞（Batavia）城。《巴達維亞城日誌》是送交巴達維亞總督府，記載荷蘭所有領地及亞洲各地要塞與商館資訊重要的日誌。

清交替的時代，福建省、廣東省已有人移居台灣南部。根據一七二四年編修的《諸羅縣志》，現在的南投縣埔里一帶原本有許多優質的野生茶，移民漢人將野生茶製成茶，或是壓榨成茶油[12]。

後來因為野生茶不適合量產，加上大陸武夷山茶出口成功的範本，於是正式導入大陸優良品種。茶樹以及與茶有關的人士從半發酵茶中心的茶文化圈來到台灣落地生根。現在台灣各地幾乎都有茶產地，台灣代表性的茶有烏龍茶、包種茶、鐵觀音茶、東方美人茶，這些都是部分發酵茶。關於茶的品種，因為適應性的問題或消費動向，數量逐漸淘汰中。

接下來為各位介紹精選出來的主要栽培品種。

青心烏龍與軟枝烏龍

青心烏龍與軟枝烏龍是高山茶、文山包種茶、凍頂烏龍茶、

12. 茶油：「茶實似棉花。冬季收成後，乾燥一段時日，果皮破裂，種子現出。將其榨為茶油。茶油味似其他種籽油，用於炒菜或調味皆美味。（出自《清稗類鈔》）煮好的麵線加些佐料，趁熱拌上茶油的「茶油麵線」是台灣茶鄉的招牌料理。茶油有健胃整腸的效果。

茶油

東方美人茶等高級茶不可或缺的品種。兩者是近親種，部分發酵後會產生蘭花般的香氣。枝的軟硬、葉色、形狀、厚度等品質依栽種地區有顯著的差異。嚴格來說，兩者之間仍有所差別。

青心烏龍的適應性比軟枝烏龍強，幾乎遍及台灣各地。亦大量栽種用以生產出口茶，茶園面積曾佔整體的四成左右。近年的主要產地是文山、南投縣名間鄉及鹿谷鄉，成為台灣茶的代表品種。香氣與苦味比軟枝烏龍略強，強烈的苦味受到嗜酒嗜菸者的喜愛。

軟枝烏龍常與青心烏龍混淆，其實是青心烏龍的別名中有軟枝烏龍的稱呼。但對茶產地或茶講究的台灣人特別喜愛稱為「種仔[13]」的軟枝烏龍。製成包種茶或烏龍茶時，茶湯呈現美麗的金黃色，香氣持久，蘊含充足的甜味，這款好茶的高雅沒有其他茶比得上。

不過，軟枝烏龍的環境適應力非常差，在氣溫或雨量等條件不合的土地無法成長。也因軟枝烏龍的茶葉比青心烏龍小，

13. 種仔：台語發音為 tsíng-á。

收成量也少，幾乎沒有外銷。雖然在台灣各地皆有產地分散栽種，規模並不大。此外，青心烏龍可做出改良品種，軟枝烏龍卻無法。

青心大冇

與青心烏龍並列台灣茶兩大品種，台灣北部自古就有在栽種。適合量產、生長力強的品種，春秋冬的茶作為廉價的出口用或加工成業務用茶葉，但每年芒種（六月初）時採的茶是高級茶。逐一摘下被浮塵子啃咬後變紅的茶葉，製成高級烏龍茶代名詞的白毫烏龍茶（東方美人茶）。

大慢種與白毛猴

特色是葉形比青心烏龍細長，葉緣鋸齒銳利。

青心大冇

大慢種與白毛猴的最大特徵是茶芽有白色纖毛，屬於白毫烏龍茶的品種。目前只有坪林一帶（文山地區）有在栽種。在福爾摩沙烏龍茶風靡一時的時代，茶商曾經大慢種和青心大冇混合售出。白毛猴和青心大冇配種後長出美麗的五色茶芽，是商品價值高的品種。

鐵觀音

鐵觀音是台灣茶的故鄉福建省安溪的主要品種，栽培歷史已有三百年之久。這個品種在台灣的適應性弱、生長緩慢，不易栽培，目前只有木柵有在栽種。從採摘到製作約需花費三天的正欉鐵觀音茶[14]，烘焙香中感受得到成熟果香。

14. 正欉：為了讓正欉鐵觀音茶與石門鐵觀音茶有所區隔，標上「正欉」二字。石門鐵觀音茶是以紅茶原料的硬枝烏龍製成。

鐵觀音

金萱與翠玉

金萱與翠玉是戰後被譽為「台茶之父」的吳振鐸先生在一九八一年研發而成。兩種都是適合機械採摘、生長力強的新品種。

金萱（別名台茶十二號）經部分發酵後，產生桂花（木樨）或牛奶般的濃郁甜香，現在是繼青心烏龍之後栽種最多的人氣品種。葉肉薄，沒什麼甜味。

另一方面，翠玉（別名台茶十三號）比金萱甜、韻味深厚，香氣似玉蘭[15]。兩種多種植在海拔一千公尺以下的產地。

四季春

四季春是在木柵茶園發現的新品種，據說是和鐵觀音配種的改良品種。葉形極似青心大有，生長力強，適合量產，特色

金萱

翠玉

15. 玉蘭：略帶青味，香氣似茉莉花。日文名為白木蓮。

四季春

是早春、晚秋皆不休眠。在木柵每年可收成六次，亦稱六季香，松柏長青茶的產地南投縣名間鄉的栽種量最多。不過夏茶和秋茶的苦澀味強烈。

十一月初綻放的茶花。蜜蜂搬運的花粉團富含營養，被視為利用價值高的食材、藥材。

茶產地分布圖

氣候、環境皆適合茶樹生長的台灣，茶產地幾乎遍及全台，台北、桃園、新竹、苗栗、台中、南投、雲林、嘉義、高雄、台東、花蓮、宜蘭等地都有。散佈全台的無數茶產地，在各地不同的氣候風土與茶園管理下，誕生出個性迥異的茶。

本頁的「茶產地分布圖」標示出台灣的主要產地名與茶名供各位參考。

關於台灣茶的綜合資料，請參閱附錄的「台灣茶名小事典」（當中包含產地限定的茶，以及目前已停產的茶）。

高山茶的製程

部分發酵茶從採茶到製造的特殊技術，自古以來就是由老手悉心傳承。製程前半似紅茶、後半似綠茶的部分發酵茶，除了日照量、雲霧量、氣溫、風向、海拔、緯度、地形等自然條件，其實還有各種要因與茶的品質有關，例如茶園的管理方法或製茶職人的技術力等。

部分發酵茶製程的最大特徵是，為了促進發酵，要摩擦、攪拌茶葉。摘下帶新芽的適度成熟嫩葉，讓茶葉或莖梗內的成分藉由人為方式發生變化，產生獨特的芳香和滋味。發酵茶的風味或個性的差異主要是受到這個發酵階段的影響。

從接近綠茶的清茶（文山包種茶）到極似紅茶的白毫烏龍

茶，台灣發酵茶的種類豐富。近年台灣也進入高檔化的趨勢，清茶變得廣受喜愛。於是，人們想出不讓茶葉的原味或香氣消失的製茶技術，高山茶或凍頂烏龍茶轉向做成輕發酵的新鮮烏龍茶。

高山茶的製茶方法

第一階段　摘茶・採茶

部分發酵茶擁有綠茶或紅茶都沒有的獨特風味，這與茶樹品種或產地、採茶季節等有關。將新芽連同下方的兩、三片嫩葉一起摘下是製作烏龍茶的理想狀態。新芽含有胺基酸、兒茶

摘茶：即使已是機械化作業的現代，高山茶等高級茶仍是由熟練的採茶女親手採摘。在夜露沾附茶葉的季節，最好是趁日頭正高的時段進行採茶。採茶女會在指尖用膠帶纏上刀片，稱為掛刀，忙碌採茶的指尖便會閃爍著刀光。

素，適度成熟的嫩葉富含胡蘿蔔素、葉綠素、果膠等成分，這些成分在葉脈或莖梗內流動作用，產生特有的芳香與滋味。利用所含成分不同的新芽與嫩葉，減少苦澀味，帶出烏龍茶特有的鮮味。

第二階段——日曬・日光萎凋

達到一定的收成量後，茶葉裝袋立即送往製茶所。必須在當天把風味未減損的新鮮茶葉製成茶。

首先，將適量的現採碧綠鮮葉鋪平在通氣性佳的竹篩上，置於陽光下曝曬。讓陽光的熱能均勻蒸發茶葉多餘的水分，減少細胞內的水分量。進行這個步驟的重點是不能只做一次，製茶職人會不時翻動竹篩，使上下的茶葉換位。假如此時陽光很強，職人會撐布遮擋，倘若陰天或下雨，就在製茶所內進行相同步驟。在室內經常要控管濕度，利用熱風蒸發茶葉的水分。

日光萎凋：讓鮮葉的多餘水分均勻蒸發的萎凋分為「日光萎凋」與「室內萎凋」兩個階段。產量少的高級茶即像圖中所示，鋪在竹篩上進行萎凋。

茶葉開始萎凋後，隨著水分減少漸漸失去光澤，表面產生柔軟的皺摺。茶葉內部的各種成分互相接觸、滲透，在酵素的作用下慢慢氧化（發酵）。這麼一來，鮮葉的青味會消失，釋出些許茶香。為了製成馥郁的烏龍茶，花時間讓茶葉的水分均勻蒸發很重要。

第三階段｜促進發酵．室內萎凋

曬過陽光、適度蒸發水分的茶葉，快速移入萎凋室進行促進發酵的作業。先將鋪在通氣性佳的竹篩上的茶葉放上靜置架一會。觀察其情況，移入促進發酵的攪拌機，讓茶葉在大竹籠內緩慢翻轉。此時茶葉會經由彼此摩擦破壞細胞，使葉肉接觸空氣慢慢發酵。竹籠的轉動速度或時間通常由製茶師判斷，開始發酵後，再把茶葉放回架上靜置，靜置與攪拌的作業要重複

四、五次。這段期間慢慢發酵的茶葉會產生蘭花般的花香。

放在靜置架時，茶葉會從內部的氣孔蒸發大量的水分。之後攪拌讓莖梗或葉脈中的水分流動，均勻蒸發。此時澀味、雜味或青味會隨著多餘水分蒸發，香氣成分釋出。如果茶葉有多餘水分，泡出來的茶湯水色混濁、香氣弱、苦澀味強烈。

第三階段的萎凋與攪拌程度是決定部分發酵茶個性的關鍵步驟。重萎凋不攪拌會變成白茶，輕萎凋輕攪拌是文山包種茶，輕萎凋重攪拌是半球型包種茶，重萎凋重攪拌是東方美人茶（白毫烏龍茶）。

第四階段──停止發酵．殺菁（炒菁）

經過適度發酵的茶葉，從靜置架移入旋轉式烘焙機，透過加熱停止發酵。在一六〇～一八〇度的高溫下，酵素作用被破

靜置：放在靜置架慢慢進行發酵的生茶葉。逐一計量，常保均等的量。

攪拌：放入旋轉式竹籠的攪拌器內，茶葉緩緩地翻動。

摩擦：觀察茶葉發酵的情況，藉由人手增加摩擦。此時根據茶葉的成熟度調整摩擦程度相當重要。

發酵：發酵的茶葉失去新鮮感，卻釋放出意想不到的怡人茶香，製茶所內充滿芬芳的鮮花香氣。

壞，停止發酵，水分蒸發，確保品質。

茶葉過度發酵會失去重要的香氣，確認殺菁的時機非常重要。因此，這些連續作業必須規律進行，將一列靜置架（十個竹篩）的茶葉用一塊布包起來揉成團（十二公斤），依序正確作業。

第五階段—揉茶・揉捻（團揉）

加熱過的茶葉直接放入揉捻機內。揉捻機是磨缽與重石組成的器具，圓形的重石約十五秒轉動一圈，以適當的力量破壞葉脈等組織，讓茶汁少許滲出。之後為使茶葉成形，用布包起來，以壓縮機壓成團。接著將茶團放入團揉機，在旋轉的過程中慢慢揉捻。能夠保持和人持續揉捻的相同振動與速度是根據縝密的計算及過往的經驗。打開布鬆解茶塊，再放進烘焙機翻轉，讓茶葉充分鬆開。

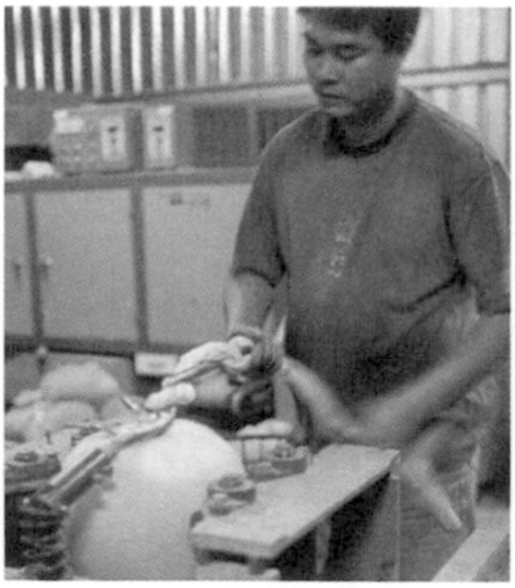

若是高山茶，為了讓茶葉變成圓粒狀，以一定溫度加熱的同時需要慢慢搓揉，此步驟相當重要。「壓、揉、鬆」這個連續作業要重複約三十次。近年因為發酵程度被要求減輕，避免餘溫造成過度發酵，作業速度也得加快。

第六階段——加工烘焙與保存．乾燥

揉成粒狀、葉形完整的茶葉以專用的乾燥機烘乾。這個步驟讓殺菁後仍殘留的酵素作用完全停止，穩定茶葉的品質。

這個步驟結束時已是深夜，收成量多的季節甚至得忙到天亮。有時還會看到前來等待製茶完成的仲介商。茶葉在乾燥的粗茶狀態下，從農家銷往茶鋪，或是由仲介商銷往茶鋪。

最後在茶鋪去除雜枝等混入物，進行加工烘焙等精製作業。重複試喝、確認茶葉的品質進行加工烘焙，同時讓茶葉所含的水分降到五％以下。用手指就能輕鬆折斷的狀態表示已充分乾燥。

右圖：後方的烘焙機設定成高溫，讓茶葉停止發酵（殺菁），設定成中低溫是要鬆開結塊的茶葉（解塊）。前方的人正在把鬆開的茶葉用布包起來。

中圖：將包好的茶葉用力壓成團。如此費工揉茶正是製作功夫茶的技藝。

左圖：茶葉充分接觸過空氣後，以一定溫度加熱，重複壓、揉、鬆的連續作業，讓茶葉呈現粒狀，接近完成的狀態。

剛從乾燥機取出的茶葉
擺在靜置架上放涼。
這個階段的茶葉是尚未揀選過的粗茶狀態。
通常仲介商或茶鋪是購買粗茶，
再由製茶師或茶商進行精製。

實用篇

台灣尋茶

台灣之行

第五章　美味的品茶方法

林鼎洲老師[1]傳授的享茶訣竅

烏龍茶跟平常在家喝紅茶或日本茶一般，可以輕鬆享用。只要一只小茶壺就能喝到美味的茶。

使用小茶壺的原因是，用大茶壺沖泡出來的茶偏淡，茶葉用量得增加，於是高級茶葉很快就會用完。區分茶壺的用法就像美式咖啡與濃縮咖啡一樣存在差異。

享用美味高山茶的訣竅是，和其他烏龍茶一樣都使用煮沸的熱水，並且充分溫壺。就算使用自來水，煮沸之後也能泡出

1. 林鼎洲老師：曾在台北市經營上園茶莊。根據學術理論，深入研究茶的品種、培育條件、加工等關於茶的一切。向傳說中的製茶大師陳德意、陳阿蹺習得最難的選茶方法及烘焙技術。佛學造詣亦深。

好茶。

另外，用熱水澆淋茶壺是為了保持壺內的高溫。若是仔細揉成粒狀的烏龍茶，高溫沖泡會讓茶葉舒展，可以徹底引出茶的美味。

泡茶時放太多茶葉反而不好。乾燥的高山茶是小圓粒狀，但加入熱水沖泡後會膨脹撐開。放太多茶葉不僅浪費茶葉，也會讓茶的成分無法充分釋出，變得不好喝。凍頂烏龍茶的用量約為茶壺的四分之一，高山茶只要五分之一即可。

泡好的茶表面會浮現粉狀物。那是茶葉表面的小纖毛或重要成分；粉狀物多就是美味的上等茶。

剛注入熱水時，茶壺上方會冒出些許泡沫，這也是茶的成分，無須擔心。如果很在意的話，可以再倒一些熱水讓泡沫溢出或用器具撈出。

注入熱水時，大量的熱水會溢出茶壺外，若有深一點的盤子比較方便。只要準備一只小茶壺和一個深盤，加上喝茶用的

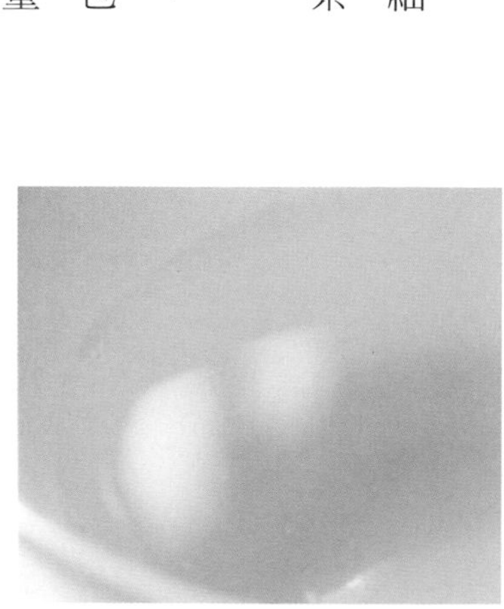

細看茶湯表面會看到細微的漂浮物。據凍頂人所言，不只是烏龍茶，好茶都會有這種漂浮物，因此要珍惜享用。

左頁圖中因為表面張力盈在壺嘴的熱水突然被吸回壺內，看起來真是有趣極了。

茶杯（沒有可用小酒杯代替）就已足夠。

喝中國茶沒有繁瑣的規則，不受制於器具或步驟也是其魅力所在。泡茶時也不必參考書本或盯著時鐘計時。注入熱水後隨時都能倒出享用，真的輕鬆又容易。

最簡單的作法是，從茶壺上方澆淋熱水，待茶壺表面變乾就是倒茶的時機。不過泡第一泡時需要注意壺嘴。壺嘴盈出的滿滿熱水會在過了一段時間後咻地退回壺內。這正是茶可以喝了的暗號（請見下圖）。起初因為茶葉相當乾燥，得花一點時間才能讓熱水滲透至茶葉內部。第二泡、第三泡之後，只要澆淋熱水，待茶壺表面變乾即可飲用。滾煮冒煙的熱水、加入適量茶葉，然後留意茶壺的狀態，就是泡出美味茶的訣竅。

享受品茶時刻

喝茶這個行為，可依性質再分為「喝茶」與「品茶」。喝茶的目的是潤喉解渴，滿足生理需求。也就是說，喝茶是為了補充水分，所以是「快速且大量」地喝。

相較之下，品茶的目的比較接近藝術鑑賞。「品」這個字本身就有玩味品評之意，相當於探究藝術的精神。雙眼觀賞茶葉、嗅聞香氣，以舌頭細細品味，沉著追求茶的品質。且為了將茶的原味發揮到極致，也得慎選泡茶用水、講究器具甚至周遭環境。

到茶藝館或茶鋪挑選茶時，請務必享受品茶的樂趣。為品味烏龍茶而發明的功夫泡茶法[2]是讓烏龍茶的魅力發揮到極致的泡茶技巧，並加入了款待來客的用心。

2. 功夫泡茶法：使用紫砂小茶壺沖泡烏龍茶被稱為功夫泡法或宜興式品茗法。

台灣茶具：
①煮水器具（茶爐與水壺）
②茶海（通常沒有蓋子）
③茶杯（原本是四個一組。不過台灣人對四有所忌諱，後來變成六個一組）
④茶壺（拳頭大小，未淋釉藥，以高溫燒製而成的燒締茶壺；以壺蓋能夠蓋緊的紫砂壺、愛知縣常滑市的常滑燒或三重縣四日市市的萬古燒最為適合）
⑤茶盤（附瀝水架的深盤。無瀝水架的稱為茶船）
⑥茶斗（將茶葉放入茶壺時，避免茶葉掉出）
⑦茶則（撈茶葉的工具，亦稱茶荷）
⑧茶夾（夾茶葉渣的工具）
⑨茶針（清理茶壺出水孔的工具），詳細內容請參閱147頁。

接下來為各位介紹不受制於工具和形式，著重於「享受品茶」、「款待來客」這兩點的功夫泡茶法與款待方式。

準備物品

- 煮水器具（茶爐與水壺，可用現有物品替代）
- 小茶壺與深盤（建議使用附瀝水架的茶盤）
- 倒掉熱水的深碗（沒有茶盤時可用）
- 人數分量的茶杯（最近多將茶杯和聞香杯配成一組）
- 茶海（別名公道杯，是均等分茶的器具。沒有也沒關係）
- 茶罐（茶葉）、茶匙

招待親朋好友到家中作客時，先備妥自己用起來順手的器具。將茶杯擺在靠客人那一側的茶盤邊緣，放茶壺的茶盤擺在靠自己這一側。若有用茶海，放在茶杯與茶壺中間即可。將水煮沸，用桌上的煮水器具加熱備用。

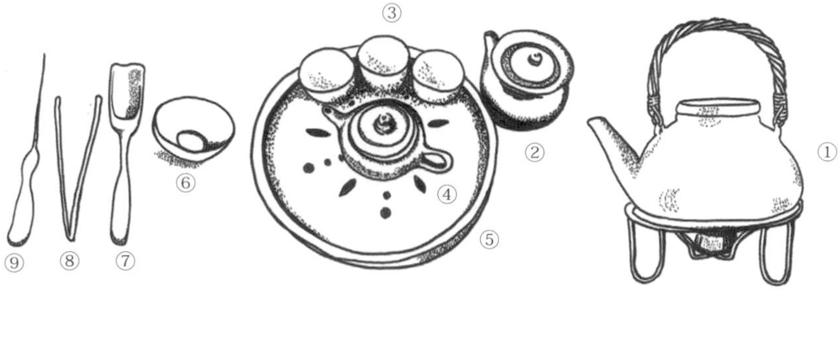

準備就緒後，先和客人觀賞茶葉，聊天炒熱氣氛。接著在空茶壺內注入熱水，順便用熱水溫杯。若有用茶海，順序是茶壺↓茶海↓茶杯，再將燙壺溫杯的熱水倒進深碗。茶葉放入茶壺時，可使用茶匙或是直接用手投入。然後注入熱水，如果是高級茶就不必洗茶，第一泡不要倒掉。蓋上壺蓋，從茶壺上方澆淋熱水，讓壺內均勻受熱。此動作稱為淋壺[3]，是帶出功夫茶[4]魅力的重要手法。

要泡出美味的茶，重點是「空檔」，也就是時機。熱水的溫度或當時的氣溫也會造成影響，測量時間反而會失敗。注入熱水後，請注視壺嘴。過了一會兒，盈在壺嘴的滿滿熱水會咻地退回壺內。這是吸收熱水的茶葉完全展開的暗號，這時候就可以倒茶、分茶了。若使用茶杯和聞香杯組，就將聞香杯倒七、八分滿給客人。

客人把聞香杯的茶倒入茶杯後，嗅聞留在聞香杯底的茶香。深深吸入茶香後，茶會在喉內與口中的回香營造出幸福時刻。

3. 淋壺：保持壺內高溫的「淋壺」，尤其在冬季更是不可或缺的動作。茶壺外側澆淋熱水，除了引出烏龍茶的香氣與味道，也能洗掉溢出表面的浮渣、清潔茶壺。

4. 功夫茶：亦寫作工夫茶，概分為兩種含意。其一是福建省泉州、廈門人使用的詞彙，意指以武夷山茶中品質最好的品種，悉心製成的烏龍茶。其二是根據《辭源》等書記載，普及於廣東省潮州地方及福建省南部、台灣的品茶方法（也稱老人茶）。功夫茶是在容量不到一百五十毫升的小茶壺內投入大量茶葉沖泡成濃茶的方法。功夫茶的茶術（泡法）依地區各有特色，並無固定。

品茶方法因人而異，基本上是轉動舌頭，像咀嚼東西般讓口內茶水充分流動，使香氣及滋味均勻遍布。細細品味茶的行為在台灣稱為「呷茶」。

最後不妨再聞一次殘留在杯底的茶香。

茶通常會全部倒光，壺蓋是打開的狀態。茶葉悶太久，之後泡出來的茶就會不好喝。

從第二泡開始，只要在茶壺表面澆淋熱水，等到表面變乾就可以倒茶、分茶，時機點的掌握與泡煎茶的要領相同。儘管茶葉狀態或個人狀況會有所影響，泡了六、七泡之後就差不多了。此時可以取出壺內的茶葉，用熱水清洗茶壺和茶杯，靜置陰乾。

泡茶之前，是否要先供應茶點呢？如果先吃茶點，高山茶的高雅香氣或細膩滋味帶來的感動就會減半。但也不建議各位空腹喝濃茶。

可以選擇香氣或味道不強烈的輕食，如桃子或梨子、蘋果等，水果[5]的自然風味不會破壞茶的細膩風味。喜歡甜食者，和

5. 水果：中國傳統茶點之一為「果品」。這是新鮮水果、果乾、糖漬或鹽漬水果等水果的總稱。

三盆糖[6]是不錯的選擇。直接享用就很怡口，用和三盆糖煮過的水果或紅豆更是美味。清爽的甜味瞬間消失，不會在舌頭上殘留餘味。或可多準備幾種茶，趁著邊喝邊比較的空檔端出茶點，這也是周到的做法。

享用茶的各種訣竅

仔細玩味後購入的茶葉，當然想要好好品嘗。因此必須針對各種茶的特性，掌握泡法的訣竅。

首先是水溫。茶葉依種類或製茶方法，改變熱水的溫度很重要。大致上來說，經過充分發酵、細心揉成粒狀的茶葉可直

6. 和三盆糖：德島縣或香川縣等四國地區製作的珍貴砂糖。以參考榨酒方法發明出來的傳統手法製成的和三盆糖，能夠引出材料的鮮味，提升風味變得高雅，是製作細膩的和菓子必備的材料。

接注入煮沸的滾水，細嫩的芽茶或葉形挺直的茶則是用降溫至九十～七十度的熱水沖泡。

高山茶或凍頂烏龍茶這般使用成熟茶葉細心揉製的茶，必須以熱水沖泡。若水溫太低，茶葉無法充分舒展，就無法釋放味道或香氣，所以茶壺外側也要澆淋熱水，保持壺內的溫度。

發酵程度較輕的文山包種茶等其他茶，九十～一百度左右是最合適的水溫；東方美人茶和紅茶一樣是用熱水沖泡。

接著是茶葉與熱水的用量[7]。這也是大概的基準，泡綠茶、紅茶、花茶時，一人份一百五十毫升的熱水加三公克的茶葉。相較之下用小茶壺和茶杯飲用的烏龍茶，因為熱水用量較少，茶葉的量要增加到前述的兩、三倍左右。

茶葉用量可依個人喜好調整，但揉成粒狀的烏龍茶吸收熱水後，茶葉會展開變大，放太多反而會讓成分無法充分釋出，只是浪費高級茶葉，可說相當划不來。注入熱水，待完全展開後剛好充滿壺內，正是恰好的茶葉分量。

7. 茶葉用量：依茶葉品質或個人喜好、身體狀況改變茶葉用量或浸泡時間，可調整香氣的強弱、味道的濃淡。

通常喜愛功夫茶的台灣人或嗜酒嗜菸者，偏愛像濃縮咖啡那樣的濃茶。此時使用容量八十～一百二十毫升的功夫茶茶壺最適合，泡出來的茶相當於小茶杯（容量約四十毫升）二～三杯的量。茶葉完全展開後，在壺內投入滿滿的茶葉。

「投葉量」與「熱水量」的基準，凍頂烏龍茶約一比四，茶葉展開會變大的高山茶或木柵鐵觀音茶是一比五～一比六，茶葉未揉成粒狀的文山包種茶是一比二～一比三，只採嫩芽製茶的的東方美人茶是一比四左右，浸泡時間不要太長。

此外，若想以少量的茶葉泡出充足的滋味，有些人會用手撕碎茶葉投入茶壺。泡茶的方法沒有嚴格規定。

第六章　掌握訣竅就能買到美味好茶

到店家選購茶

選購茶葉切勿急躁，決定好買茶的日子後，預留幾天做好心理準備。可以先把想試喝的茶記在紙上，但一定要親自觀察、試喝。

以高山茶為例，各公司或茶鋪的產地標準就不太一樣，這點必須留意。有些地方認為在海拔一千公尺以上採的茶就是高山茶，有些地方除了海拔高度，還要進行嚴格的審查再採購茶。茶會隨著季節改變，在同一座山採的茶也會因為製茶者而變得不同。現在覺得美味的茶，明年未必如此，這正是茶的魅力。

到了茶鋪，先請店家讓你看看心中屬意的幾款茶。可直接指定高山茶、東方美人茶等特定種類，或是大概表達自己的喜好，像是接近烏龍茶的綠茶或紅茶。

然後，親手觸摸、觀察茶葉。

乾燥的茶葉很難只從外表判別優劣，起初只能相信自己的直覺。挑選烏龍茶時不用太在意茶葉的形狀，挑選色澤佳、給人「活生生」的感覺最重要。台灣人會用青枝綠碧、翠綠鮮活[1]形容好茶的色調，上等高山茶的莖葉皆呈現充滿活力的綠色，莖是接近全新榻榻米的色調，帶著些許的綠；葉看起來是濃縮的青綠釉色。這樣的茶表示葉的部分確實發酵，苦澀味、雜味皆已排除。為了消除雜味、雜質，莖梗不變成褐色是一大重點。仔細確認茶的品質，悉心製成的上等茶，即使是乾燥狀態也能感受到生命力。如果是粒狀的茶，整體顆粒大、拿起來有重量感就是好茶。就算是揉成結實硬粒的茶葉，成分豐富的

1. 青枝綠碧、翠綠鮮活：前者是莖葉皆為綠色之意，後者是能夠感受到綠葉有著旺盛活力的生命力，兩者都將茶葉的顏色比喻為寶石翡翠。

厚葉仍保有重量感，丟入金屬容器內，會發出小石反彈般的高音。

接著試著嗅聞香氣。

將茶葉湊近鼻子深吸三次左右，聞到的香氣久久不散，每吸一次就能感受到明確的香氣，這就是好茶。還有一個方法是，朝著茶葉「哈～」地吹氣，同時用鼻子深吸確認香氣。

接下來，選擇兩、三種覺得不錯想試喝的茶葉，請店家泡給你試喝。這時候，茶鋪為了避免客人察覺茶葉的缺點，在泡茶方法上會略施技巧，這點必須留意。

細看店家泡茶的過程，經常會有「茶葉放很多，熱水倒很少」、「泡茶、倒茶間隔的時間太短」的情況。其實用這些方法泡出來的茶，無法喝出茶葉的原味。因為味道或香氣濃郁喝不出缺點，就算是廉價的茶葉，也會誤以為是能夠泡好幾次的上等茶。

記住會有這樣的事，不要馬上對茶給予過度好評，慢飲細嘗是試喝時的重點。別把店家泡的茶立刻喝光，保持從容態度慢慢喝，等到第四、五泡的時候，仔細確認茶湯的顏色、香氣及味道，也試著喝喝看完全變冷的茶，冷掉後依舊美味的就是好茶。

最後從茶壺內取出茶葉渣，檢視茶葉的柔軟度或發酵程度。從乾燥狀態無法判斷的條件，觀察吸收水分後展開的茶葉就會得到解答。

最近愈來愈多茶鋪販賣標示季節的茶。但台灣一年最多採五次茶，依採茶季節可分為十一種茶[2]。春茶有早春茶、正春茶、晚春茶，一般茶鋪有時會將接近晚秋的夏茶當成春茶販售。雖然依產地或收成季節也會有所不同，紫外線強的晚春或夏季的茶會變成缺乏光澤的深墨綠色，冬茶或早春茶看起來是略為明亮的綠色。比較、試喝數種茶葉時，除了觀察顏色，也要試著觸摸茶葉渣，確認葉形或厚度、觸感。

理想的烏龍茶是整體葉肉厚且柔軟，包含適度生長的葉子，

2. 依採茶季節分為十一種茶：詳細內容請參閱43頁的「採茶季節與茶葉價差」、58頁的「台灣茶採茶曆」。

葉緣能看到些許發酵氧化的褐色部分。這是茶葉本身品質好，製茶加工也做得好的證據。茶葉的形狀盡量保持採下時的樣貌，莖梗前端有新芽，下方有兩、三片嫩葉的茶是悉心手採的上等茶。

茶畢竟是嗜好品，挑選時要考慮契合度或價格，不過台灣的茶鋪可說相當良莠不齊。究竟該在怎樣的茶鋪買茶，筆者過去曾就此請教一流的茶葉買賣經營者，有了以下答案。

嚴謹面對工作、以特別的審查基準採購上等茶並妥善進行管理是茶鋪的要務，因此需雇用人員調查各地的茶產地，從中選擇品種優良、年輕充滿生命力的茶樹。茶的品質每年因雨量或氣溫變化有所不同，為了保持一定水準，僅擁有自家茶園或與特定茶園簽約並非解決之道，採購茶葉、挑出屑葉或細枝後自行精製方為上策。為了讓茶在一年四季都能維持品質，還要透過試喝判斷狀態、思考烘焙的時機或方法。

俗話說「茶為君，火為臣」，這是熟知茶葉烘焙的人的說法。就像臣子輔佐君主必須了解其個性，充分掌握茶葉性質才進行烘焙很重要。根據茶葉的厚度、揉捻的強弱、所含成分判斷，若是苦味強烈，藉由適當的烘焙方法轉換成甜味。不過，毫無苦味的好茶若烘焙過度，就會失去味道或香氣等重要成分。因為沒有決定茶葉品質或烘焙方法的法則，烘焙前必須仔細確認茶葉的本質。

深知烘焙會大大左右茶葉品質的安溪茶師、茶商，對烘焙技術格外用心。也就是說，擁有讓大量採購的茶葉長期保持穩定品質的技術很重要，必須誠實遵行上述事項，為消費者提供優質的茶葉。

雖然無法斷定去怎樣的茶鋪就能買到滿意的茶，倒是可以提供幾個參考重點，例如設有儲藏室讓茶能像酒一樣靜置熟成；或可配合客人喜好提供茶葉烘焙服務，也是判斷茶鋪優劣的重點。隨興購物雖也別有樂趣，不過事關買茶，還是需先仔細調查，在值得信賴的店家購買才是正道。如果找到中意的茶也務必親自試喝，請店家當面包裝與試喝相同的茶。

高山茶的聰明買法

你是否曾在意他人眼光而衝動購物呢？被強迫推銷無法拒絕，猶豫不決無法冷靜做出決定……但是，買茶可不像買衣服那麼簡單喔。

建議各位先學會試喝的方法。只要了解基本知識就能放心冷靜地選購茶葉，就算在沒有茶壺的地方也能輕鬆試喝。別一味聽信他人的推薦，選擇適合自己的茶就是頂級好茶。

即使是同種類的茶，茶葉品種或製茶師、產地或季節等因素都會造成品質的差異。為了在眾多的茶之中找出自己的喜好，認真尋茶的過程也不失為一種樂趣。

以下為各位介紹的高山茶鑑定重點參考茶葉品評會的茶葉

鑑定方法，這是為了客觀審查茶葉品質，不使用茶壺或特定茶具的試喝方法。

一、觀察乾燥的茶葉

全世界的各種茶葉品質鑑定方法，都是透過人的手、眼、鼻、口等感覺器官，以規定的工具與方法審查茶葉的內外。

首先觀察茶葉的外形。茶葉的優劣主要取決於茶葉的柔軟度、形狀、色澤、是否清潔。當然依茶的種類，條件會有所不同，但無論是哪種茶，色澤佳是好茶的共通特徵。

◎表面的光澤

不管是室內或室外，在自然光下觀察茶葉的色澤。比較幾種等級不同的茶葉，試著找出差異所在。

若是高級的高山茶，茶葉表面有光澤，整體色調均勻；反之，如果呈現沒有光澤的偏黑色調、缺乏活力就不是好茶。這樣的茶稱為「黑死」，可能有使用化學肥料的疑慮。

◎茶葉的形狀、質感

粒狀的高山茶，顆粒緊密結實。好茶是用現採的嫩葉悉心揉製而成，所以會緊緊交纏，就算小也具有重量感。不緊實、整體粗，被切短弄碎的茶葉並非好茶。

可以把茶葉放在手掌上，或用手指拿起來比較重量感，另有一法是將茶葉丟入陶器或金屬容器內，從掉落方式或聲音判斷質感。一般來說，重量太輕的茶缺乏香氣、滋味清淡；太重的茶則容易有苦澀味。

◎乾濕程度

試著用手指折斷茶葉，能夠輕鬆折斷就是充分乾燥的茶葉，無須擔心。折不斷是因為乾燥不足，可能成為劣化的原因。為了維持品質，茶葉的理想含水量是三～五%，不過開封飲用後會逐漸回潮。當含水量增至七～八%，茶葉的風味受損、美味也會減半（不慎受潮的茶葉建議用小型烘焙機烘乾。請參閱170頁「林老師傳授的烘焙重點」）。

◎有無塵屑

觀察茶葉中有無摻雜多餘的混入物，有時會混入細枝或碎茶屑，甚至異物。若是高山茶，採下的茶葉基本上是一根新芽連帶兩、三片嫩葉的一心二葉，因此是在莖葉相連的狀態下進行烘焙，每片茶葉的形狀大小幾乎一致。不過，以機械採摘、茶葉部分被切掉的茶形狀大小不一，含有許多茶屑。

◎新芽的多寡

高級茶會有較多的新芽，高山茶也是如此，帶新芽的茶葉幼嫩，有著芬芳的香氣。要判別新芽的多寡，看看莖葉相連的茶葉多不多，愈多就表示是悉心製成的高級茶。

二、嗅聞茶香，觀察茶色

茶的正式鑑定是使用白瓷蓋杯。將三公克的茶葉加一百五十毫升的滾水，浸泡約五分鐘，待茶葉充分展開後，用審茶匙舀取茶湯確認顏色或香氣。正式鑑定[1]相當重視正確性，需節制抽菸或重口味的飲食，盡可能在味覺與嗅覺敏銳的狀態下進行鑑定。步驟是先聞香，觀察茶湯水色後試喝，最後檢視茶葉渣。

聞香時單手持杯，另一手圍住杯緣，像要覆蓋茶杯表面，鼻子湊近杯緣嗅聞。聞香要進行三次，分別是茶湯正熱時（熱聞）、稍微降溫後（溫聞）、完全變冷後（冷聞）。每次聞香前都要搖晃茶杯，讓茶葉振動，也要仔細觀察隨著時間變化的茶湯水色。由於熱茶不易正確判斷香氣，所以是確認有無焦味、青味或異臭。第二次聞香要確認香氣的強弱，第三次確認香氣的持續性。

◎香氣的種類

茶有各種特殊的香氣。高山茶的山頭氣[2]、東方美人茶的蜂蜜香、包種茶的花香、鐵觀音茶的熟果香等。這些有特色的香

1. 正式鑑定：試喝時不用過多的茶葉，一百五十毫升的熱水加三公克茶葉，茶葉量是熱水量的二%。條索狀茶葉注入熱水後，蓋上杯蓋靜置五分鐘，粒狀茶葉靜置六分鐘，接著觀察顏色、香氣，品嚐味道。

2. 山頭氣：生長在森林中的高山茶特有的香氣，以「淡雅清純」形容十分貼切，是海拔一千八百公尺以上的高山茶明顯的特徵。

氣愈明確，茶葉的品質就愈好。要注意避免有焦味或油耗味等異臭的茶，若茶葉香氣弱、殘留焦味，可能是茶葉生長過度、發酵不足，或加熱時溫度過高。

試著聞聞看乾燥茶葉的香氣、茶剛泡好的香氣、壺蓋背面的香氣、喝完茶後殘留在杯底的香氣。即使完全變冷，仍有餘香久久不散的茶就是好茶。

◎觀察茶湯水色

觀察茶湯水色時，使用內杯壁為白色的瓷杯。仔細觀看在自然光下是否呈現明亮的色澤、有無混入不純物或茶屑使茶色顯得混濁。若是高山茶，水色是清澈的金黃色。

此外，水色是否自然也很重要。含有添加物的茶[3]會失去茶的原色原味與香氣，專家光看水色就能判斷是不是自然的色澤。

3.含有添加物的茶：有些茶未標示為風味茶，以人工香料或香花進行加工。後者的情況是把廉價夏茶透過高溫加熱，徹底蒸發水分後趁熱混入香花，增添香氣。喝到第二、三泡後茶的本質就會出現，開封後一段時間，加工製造的香氣就會消失。

三、試喝

試喝[4]是確認味道的濃淡、強弱，透過舌頭或鼻子、喉嚨的感覺仔細品鑑茶的滋味。將茶含在口中，吸入些許空氣，讓茶湯在口中充分流動，類似葡萄酒的品酒方式。

茶的濃淡或苦味、入喉的餘韻等是透過舌根感受，澀味則是透過舌尖。此外從口腔內部與唾液也會得到微妙的感觸。雖然苦味、澀味是茶本來就有的味道，但甜味勝出，緩和稀釋苦味就是美味好茶。苦味、澀味久久不散的茶不算是好喝的茶。製茶時茶葉所含的水分量是影響茶味的關鍵。水分太少，味道淡薄，太多會殘留苦味、澀味、青味。而且乾燥不足的茶葉若長期保存，味道會變差，產生奇怪的雜味。

4. 試喝：在白瓷杯內直接投入茶葉，注入熱水。蓋上杯蓋靜置一會兒，茶葉完全展開後用審茶匙舀取茶湯，確認色澤或香氣。試喝熱茶時味覺不夠敏銳，無法正確判斷，因此要等茶降溫再喝，才能感受到烘焙時的焦味或發酵不足的青味。

高山茶

產自海拔一千公尺以上的高山茶，受到培育茶葉的自然環境、茶園的管理方法、採茶季節或每年的氣候、製茶者的技術力等因素影響，品質不一。成分豐富的極品高山茶，不僅外觀充滿生命力，經過多次試喝，依然可以感受到維持明確的味道與香氣。

※極品是產自海拔二千公尺以上的茶，上等品是產自約一千五百公尺的茶。儘管兩者皆充分符合海拔的條件，但極品是茶樹年輕、樹勢健壯，在低溫下緩慢生長的冬茶（比較條件與119頁共通）。

茶葉外觀

極品

有光澤的深綠色茶葉充滿生命力。大小、形狀都給人精緻的印象。在乾燥狀態下就能聞到高雅的清香。

*圖為梨山冬茶

上等品

即使海拔高度高，茶的品質也會依採茶季節而不同。通常夏茶顏色深缺乏光澤，秋茶的茶芽大小不一。

*圖為阿里山秋茶

茶葉渣	茶湯水色與香氣
 上等茶的茶葉渣會保持莖葉完整，如現採鮮葉的樣貌。葉緣些許變紅，代表發酵程度。葉肉厚、觸感柔軟。 *圖為梨山冬茶	 水色呈現美麗清澈的金黃色。香氣高雅怡人，以「淡雅清純」形容極為貼切。溫和的甜味在口中擴散，不具刺激性，堪稱甘露。茶湯變冷後仍保有香氣。 *圖為梨山冬茶
 秋茶整體大小不一，圖片是選出形狀整齊的茶葉拍攝。葉肉薄、莖梗硬。如果是夏茶，色調更深，葉肉較硬。 *圖為阿里山秋茶	 水色與極品沒有太大差異，但經過多次試喝，香氣與味道缺乏持久性。秋茶味道平淡，質地粗糙。夏茶的澀味、苦味蓋過鮮味。 *圖為阿里山秋茶

四、觀察茶葉渣

最後取出茶葉渣，檢視茶葉的柔軟度、色澤、是否均整。

在乾燥狀態下無法準確判斷的茶葉，浸泡熱水後就會恢復原貌，讓我們了解茶葉的生長狀況或發酵程度。此時茶葉若有破損或切斷則不太好。

部分發酵茶製造花香的作業方式，是讓葉和莖梗所含的成分或水分邊流動邊均勻蒸發促進發酵，進而引出香氣。然而這也可能成為致命傷，當發酵進行得不順利，茶葉便會殘留澀味或青味。

逐一自莖梗仔細採下的茶葉一般視為高級茶，這樣的茶不光是外觀美麗，喝起來也相當美味。

四大名茶的聰明買法、檢視重點

確認茶葉品質除了知識，也需要豐富的經驗。茶樹的栽培環境（海拔高度）、樹勢、採茶季節、製茶技術等條件的差異與茶的品質有著怎樣的關係，購買前需從中判斷，試著找出當中的差別。

接下來針對文山包種茶、東方美人茶、木柵鐵觀音、凍頂烏龍茶這四種茶，簡單介紹區分上等茶的重點。判斷重點是茶葉外觀、香氣或味道的高雅與持久性、茶葉渣的外觀及觸感。比較極品與上等品，或許就能發現美味好茶的真正樣貌。

統一比較條件，逐一拍照並進行試喝。無論條件如何，一致使用白瓷蓋杯[1]，兩公克的茶葉加一百毫升的熱水（淨水器過濾後的自來水）浸泡五分鐘，將茶湯倒入另一個白瓷杯。

1. 白瓷蓋杯：附蓋的茶杯稱為蓋杯，從宮廷到庶民，不分階級或地區，廣泛普及的茶器之一。蓋杯的用法概分為三種：
①茶壺泡茶，倒入蓋杯飲用。
②使用大小不同的蓋杯，大蓋杯泡茶，小蓋杯飲用。
③用蓋杯泡茶，直接飲用。

一、文山包種茶

文山包種茶主要栽種於海拔四百公尺以上的中海拔地區。濕度高經常起霧，溫暖的氣候與肥沃的土壤能培育出優質好茶。上等茶就算用熱水沖泡，也沒什麼苦味。

※極品、上等品的栽種地區與採茶季節幾乎相同，但極品茶的海拔高度更高，樹勢強壯。

茶葉外觀

極品

整體來看，茶葉的大小、形狀均一。每一片都很大，呈現乾辣椒般的條索狀。葉為深綠色，莖梗色澤明亮有韌性，形態優美，乾燥狀態下也有清爽的蘭花香。

上等品

比起極品，茶葉較小，還有混雜大小不一的茶葉。色澤佳，但香氣或味道較弱。

茶葉渣

整體呈現鮮綠色，葉肉柔軟且厚，自莖梗採下的茶葉保有完整原貌。

雖然大小不一的破損茶葉很多，應該是製茶或輸送時不慎受損。比起極品，葉肉稍薄。

茶湯水色與香氣

水色是美麗清澈的淡黃綠色。能夠感受到明確的優雅花香，可享受回香的餘韻。滋味清爽，幾乎沒有苦味或澀味，刺激性亦低。

水色是美麗的黃色，但比起極品，具特色的香氣稍弱。因為葉子受到破壞，味道較濃。餘味殘留些許苦味。

二、東方美人茶（白毫烏龍茶）

只採浮塵子啃咬過的新芽製成的東方美人茶，一年僅收成一次。浮塵子何時會大量出現至今仍是個謎。

※極品、上等品的栽種地區與採茶季節幾乎相同，但極品茶的茶樹年輕，樹勢強壯。

茶葉外觀

極品

整體來看，茶葉的形狀、大小均一。茶芽有白色纖毛，呈現紅黃白交雜的顏色，宛如乾燥花。散發高雅紅茶的香氣。

上等品

比起極品茶，有白色纖毛的茶葉略少。整體色調偏暗，有著類似紅茶的香氣。

茶葉渣	茶湯水色與香氣
 只採摘莖梗的部分，保有茶葉完整的原貌。葉肉厚且健康，形似蘭花。茶芽挺直，充滿生命力。	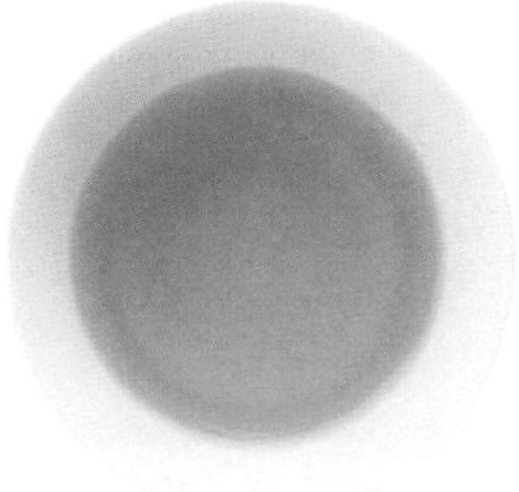 水色深卻是明亮的琥珀色。有著類似蜂蜜或蜜桃的香氣。甜順回甘，餘味清爽。
 和極品茶一樣以人工方式手採，葉子的部分有折到，給人大小不一的印象。葉子略偏黃色。	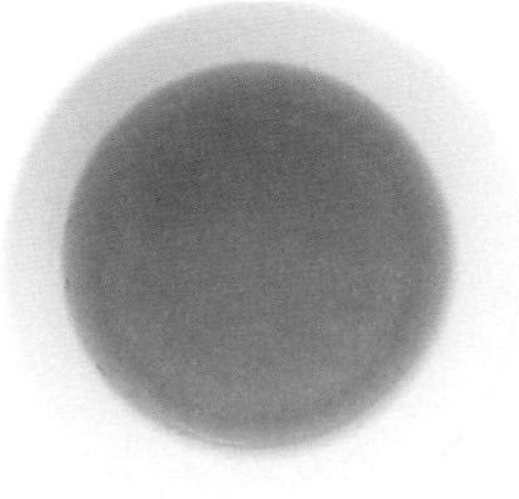 味道似澀味少的上等紅茶。水色是偏紅的橙色。回香與回甘度稍弱。

三、木柵鐵觀音

上等木柵鐵觀音的外觀近乎球狀，呈現略帶褐色的深綠色。烘焙香氣中有股果乾的甜香，滋味清爽潤喉解渴。

※極品、上等品的栽種地區幾乎相同，但採茶季節不同。

茶葉外觀

極品

有光澤的褐綠色，充滿生命力。經過仔細揉茶的處理，茶葉呈現球型（粒狀）。在乾燥狀態下散發些許甜香。

上等品

也許是製茶者的技術力不足，茶葉未成球型，形狀不均，香氣也偏弱。

茶葉渣	茶湯水色與香氣
 經過適度發酵，僅葉緣變紅。自莖梗採下的茶葉保有完整的原貌。也許因為是鐵觀音品種，葉子整體偏大。	 水色是深琥珀色。味道似安溪鐵觀音，溫潤無苦味。能夠感受到極淡的果實酸味與澀味。烘焙香氣中帶著些許甜香。
 葉子破損，少有完整。從外觀的印象與觸感，感受不到茶葉的活力。	 水色是深琥珀色，但缺乏鮮味，能夠感受到苦澀味。鐵觀音茶具特色的滋味不足。味道、香氣皆似焙茶。

四、凍頂烏龍茶

上等凍頂烏龍茶有著撲鼻的濃郁香氣，以及順口的甘甜。

※極品、中等品的栽種地區與採茶季節不同，中等品可能以機械採摘。

	茶葉外觀
極品	 鮮綠色的茶葉被細心揉成半球型的粒狀。在乾燥狀態下，茶香濃郁。
上等品	 整體偏黃，缺乏光澤。葉形不均，捲得不緊實，整體看來很粗糙。香氣也弱。

陳二十五年凍頂烏龍茶

茶葉渣	茶湯水色與香氣
 如圖所示，部分發酵茶的凍頂烏龍茶，葉緣些許變紅是理想狀態。茶葉未受破壞，保留完整的原貌。	 水色是清澈的黃色。清香似桂花（木樨），有鮮味，甜順回香。即使變冷，茶湯仍保有香氣。
 葉多破損，發酵程度不均。整體看來，新芽少、葉肉薄。茶葉感覺沒什麼活力，可能是秋茶。	 茶湯是偏紅的黃色。缺乏具特色的香氣，混雜焙茶香。甜味弱，殘留苦澀味。

第七章　如何購買茶壺

泡出美味烏龍茶的茶壺

要享用美味的烏龍茶，當然少不了好的茶器。泡烏龍茶最好用未上釉藥的陶製茶壺，如江蘇省宜興[1]的紫砂[2]壺、日本的常滑燒，以及台灣的朱泥壺等。

這些茶壺俗稱「燒締」，以一千兩百度左右的高溫燒製，特色是非常堅固，陶壺表面會產生無數小孔，日後慢慢地吸收茶的成分。使用多次後，茶壺會消除茶的澀味，使茶味溫醇甘美。比起新茶壺，用過的茶壺泡出來的茶確實比較好喝。

1. 宜興（舊稱陽羨）：以紫砂壺聞名的「陶都」宜興，古時是進貢茶葉給宮廷的知名茶產地。宜興人堅持使用水壺或茶壺泡出美味的茶，他們發現宜興陶土製成的紫砂壺非常優異，視其為珍品。宜興受惠於四周環山的秀美自然環境，除了生產特殊的陶土，陶工的創作也蒙受莫大恩惠。樹根、松枝、竹節、菱角、蕈菇、葫蘆等豐富的創作題材，創造出許多造型優美的茶壺。生產好茶與優質陶土的宜興人才濟濟，文人與陶工結合的壺藝更是宜興才有的藝術。

2. 紫砂：紫檀（家具）、紫端（硯台）、紫砂（茶壺）的「三紫」稱為文人三寶，是明清時代的美學象徵。

高山茶或凍頂烏龍茶這類悉心揉製的茶葉，注入熱湯後必須讓茶葉充分悶蒸。使用具耐熱性、保溫效果高的茶壺讓茶葉完全展開，引出濃郁的香氣及滋味。

好茶壺的首要條件就是選擇好的材質。紫砂壺長久以來受到喜愛不光是優秀的設計與風格，使用的也是優質陶土。陶土富含鐵質，以高溫燒製而成的紫砂壺，具有五％左右的通氣性，使水蒸氣向外擴散，壺蓋背面不會積留水滴。而且因為氧氣不會進入壺內，茶葉不易氧化，即使是隔夜茶也能放心飲用。

比起瓷器或玉、銀、銅、錫[3]等材質，具備優良功能的紫砂壺可說是世上最理想的茶器。使用紫砂壺泡茶不會破壞茶的原味，能夠充分引出茶的色澤、香氣、滋味。

以紫泥[4]、紅泥[5]（朱泥）、綠泥[6]三種陶土製成的陶器統稱為紫砂，這些陶器依比例調配陶土，創造出來的顏色不只三種而已。

3. 錫：據說現存最古老的錫製茶具來自明代嘉靖年間。明末畫家文震亨在其著作《長物志》中針對水壺和茶壺曾提到：「砂壺為最上品，錫壺保溫性佳，適用於冬季」。

4. 紫泥：開採自江蘇省宜興市鼎蜀鎮的黃龍山脈。古時亦稱天青泥，是紫砂不可或缺的主要原料。

5. 紅泥：開採自宜興川埠的趙莊村。富含氧化鐵，硬如堅石。

6. 綠泥：別名段泥或梨皮泥，出土自宜興市鼎蜀鎮的黃龍山脈紫泥層間。

紫砂是歷時三億五千萬年，在地底形成的天然礦土。由適當比例的化學成分構成的紫砂，乾燥時收縮率小、黏性適當，可進行多種造型加工。傳統紫砂採「拍打塑形」的獨特製法，先將壓成板狀的黏土裁斷、貼合成圓筒狀，然後拍打塑造出茶壺的形狀。陶土經過燒製會產生無數的細微氣孔，通氣性佳，所含的鐵質比例為八～十%，可說相當豐富，因此耐熱也耐撞擊。

耐熱性佳的紫砂壺，即使在冬季直接用熱水澆淋冷也不會導致破裂。長年使用下，空壺就算只注入熱水也會散發淡淡茶香，茶壺表面光滑細緻如少女的肌膚。清代吳騫[7]在《桃溪客語》中曾提到，陽羨[8]瓷器興起於明代，佳品價值等同金或玉。

對茶壺入迷的愛壺家當中，有些人整天不願放下茶壺，愛不釋手頻頻撫摸，於是有了「養壺」一詞。不過養壺的原意是指泡茶前後撫摸茶壺，或用布擦拭。

7. 吳騫（一七三三～一八一三年）：字槎客，號揆禮（或葵里）的文人。主要著作除了《陽羨名陶錄》，還有《拜經樓詩集》、《畫中八仙歌》等。

8. 陽羨：宜興的古稱，陽羨瓷壺即紫砂壺。

紫砂壺有無數的細微氣孔，加熱水泡茶後，茶湯會從氣孔滲出。儘管肉眼看不到，用布擦拭茶壺表面就會慢慢增加光澤，讓壺面變得細緻光滑。

有件事要提醒各位留意，別把紫砂壺和有異臭味的東西放在一起，也要避免拿來沖泡不同性質的茶。因為茶壺表面的細微氣孔容易沾附物質，若是品質不佳的茶，請避免長時間放在壺內。

平時的清潔保養不必使用清潔劑和刷子，仔細沖洗茶壺內的每個角落，去除茶葉渣，自然陰乾即可。

在紫砂壺的故鄉宜興，當地人洗茶壺時甚至不會用手，是不想讓手上的氣味沾付壺內的緣故。

在意茶垢的人，喝完茶後可取出茶葉渣，趁茶壺還熱時澆淋熱水，用布擦拭即可。茶垢是茶多酚聚合物，對身體無害，附著在壺中的茶垢也會形成有深度的色調，漸漸產生光澤、自成風格。這麼一來，「養壺」也算有所價值。

長時間未使用的茶壺會帶有異臭，此時用熱水充分浸泡，放冷後再沖洗就能消除臭味。

買了新茶壺後，先將茶壺與壺蓋置於鍋底，倒入蓋過茶壺的水量加熱至沸騰。放入茶葉渣[9]，以小火煮約二十分鐘後靜置冷卻，再取出茶壺仔細沖洗陰乾即可使用。這樣的步驟可以消除陶器燒製時，殘留在表面的成分或特殊氣味。

紫砂壺的發展

紫砂壺的製作約莫始於千年之前。一九七六年，在江蘇省宜興市鼎蜀鎮的羊角山發現了紫砂的古窯遺跡。從北宋時代的

9. 茶葉渣：高山茶這類茶葉相連的茶，會將茶葉渣鋪在竹篩上日曬乾燥，配合用途別作使用。一般多在買了新茶壺後加入熱水一起煮開，或將茶渣裝入小袋中當作泡澡用入浴劑。另外，有人會在小盒子裡放入茶葉渣，用來儲存高級的墨。

古窯下層找到大量的紫砂殘器，多為形似水壺的壺類，壺身有長有短，或是柄為手提式、壺嘴龍形設計等各種形態的壺器[10]。經推測，這些出土殘器早在南宋時期燒製完成。

元代開始流行的散茶，到了明代變得廣泛普及。據說是由於金沙寺僧[11]開創的紫砂壺製作，隨著明代泡茶方式改變而快速發展。

江南地區在嘉靖年間之前，習慣直接將茶葉投入水壺煮滾飲用，後來變成不煮茶葉，僅倒入熱水沖泡飲用。紫砂壺的造型也隨著從大如水壺逐漸縮小，成為「每一客，壺一把」，也就是每人使用一只小茶壺、隨個人喜好泡茶喝茶。

嘉靖至萬曆年間，李茂林[12]（本名養心）將茶壺放進附蓋的缽內入窯燒製。這個方法讓陶土能在未上釉藥的狀態燒成美麗的紫砂壺，特別是小巧簡單的圓器或方器最受喜愛。

陳鳴遠[13]活躍的清代初期，紫砂壺的設計和技法變得豐富多變，誕生出各種作品。混合不同色調的陶土製作花紋、使用釉

10. 壺器：有把手與口（嘴）的器物總稱，如茶壺、水壺、鐵壺等。

11. 金沙寺僧：成化弘治年間之人。據說是宜興東南方的金沙寺修行僧，相關資料多為不明。習得陶藝後，以紫砂製作茶壺，被視為紫砂壺的創始者。

12. 李養心：號茂林，明代嘉靖萬曆年間的製壺高手。他想出將茶壺放進缽內入窯燒製的方法，不使用釉藥，追求紫砂的天然美。作品多為高雅的小型圓器。

13. 陳鳴遠：號鶴峰，又號石霞山人，清代康熙雍正年間的製壺名家。他是繼明代紫砂壺巨匠時大彬之後，清代眾多的偉大陶工之一，作品包含仿真器、筋紋器、圓器、方器。

藥、製造火疵或熔孔，使茶壺出現多樣的面貌。或是在茶壺表面施以篆刻、浮雕、貼塑[14]、象嵌等裝飾，以琺瑯[15]（搪瓷）或漆等增添色彩。

另也因為不上釉藥的素燒更能充分發揮紫砂功能，著色技法在嘉慶、道光年之後遂慢慢廢除。

清代中期是文人感性結合陶工技藝，使茶壺藝術性達到巔峰的時代。文人在光滑美麗的茶壺表面雕刻詩文或畫造就的優美世界，而曼生壺[16]便是其中最佳代表。嘉慶年間由陳曼生設計的紫砂壺通稱「曼生壺」，多為楊彭年[17]、楊鳳年兄妹、邵二泉等名匠製作。當中的「曼生十八式」（左圖）是陳曼生廣為人知的代表性紫砂壺設計集。清代後期咸豐年間，文人之間饋贈紫砂壺或是當作個人的珍藏，讓紫砂壺身價高漲。到了十九世紀末，紫砂壺進入分工量產時代，藝術價值高的作品相對減少。

二十世紀初，紫砂壺在一九一五年的巴拿馬太平洋萬國博覽會、一九二六年的美國獨立百年博覽會、一九三〇年的比利

14. 貼塑：亦稱堆花。將液狀的紫砂泥用筆重疊塗抹，使塗抹處隆起產生立體感的裝飾技法之一。也有乾燥後再以彩釉或琺瑯等著色，進行低溫燒製。

15. 琺瑯：琺瑯是玻璃質地的釉料，原是景德鎮瓷器的著色料。因為康熙皇帝喜愛紫砂，紫砂也被施以琺瑯彩，這個作法持續至雍正、乾隆年間。

16. 陳曼生：本名鴻壽，字子恭，號曼生。曾在宜興附近擔任官職。擅長書法與篆刻，利用公務閒暇之餘，為楊彭年等人的作品篆刻題或銘，參與紫砂壺的設計。
「銘」是作者的人生哲學，或處世態度的表現，也常成為茶壺的造型主題。吳大澂等著名文人在書、畫、詩、篆刻方面投入壺藝後，誕生出美感價值更高的壺藝。

17. 楊彭年：請參閱141頁。

※ 陳曼生設計的十八種代表性的茶壺樣式

曼生十八式

時列日萬國博覽會等國際博覽會屢屢獲獎。在全球獲得高度評價成為刺激創作的動力，紫砂壺朝新的階段發展，邁向重新檢視古典作品的復古主義趨勢，加上活用現代品味的仿古創新時代，從純粹的陶土中誕生的藝術世界至今仍擄獲許多人的心。

茶壺的設計

擁有千年歷史的紫砂壺在歷代陶藝師的創作下，有了千態萬狀、變化豐富的設計。大致上分為圓器、方器、仿真器、筋紋器、提梁器、仿古器六種。

在台灣除了故宮博物館，還可至國立歷史博物館、鴻禧美術館等收藏茶器的場所仔細欣賞真品之美、了解茶壺的設計與功能性，也能當作購買茶壺時的參考。

◎圓器

圓器是紫砂壺之中最受歡迎的設計，以球體、半球體、圓柱體為基底，由各種長短不同的曲線構成。表情變化豐富的圓器，美在壺身和壺蓋、壺嘴、壺把、肩、腹、底、足均等一致，彼此形成的一體感及端正感是重點所在。柔中帶剛的圓器更被視為上等品。「一粒球壺」、「石瓢壺」、「漢扁壺」、「合歡壺」、「玉乳壺」等皆為傳統圓器之一。

◎方器

以方形為基底構成的方器，魅力在於強而有力的直線簡單設計。壺身的正方形、長方形、六角形、八角形等都是俐落工整的縱橫輪廓線，壺嘴或壺蓋的接合相當緊密。剛柔並濟的方

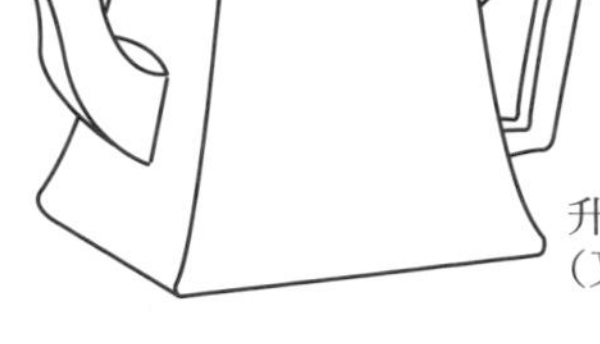

升方壺
（又名方升壺、方斗壺）

器被視為上等品。除了「四方壺」、「八方壺」，「漢方壺」等也是傳統方器之一。

◎仿真器

仿真器亦稱象形器、自然器、花貨、花色器等，主題包含松竹梅、蓮花或牡丹等植物，龍鳳、虎獅、魚或象等動物，船或鐘、老翁等各種有形物。不過，並不只是單純重現或模仿題材，通常會在題材中隱藏某些寓意，借題材之形追求自我表現與美感。像是竹子，表現脫俗的高尚品味或不屈服於困難的強韌。傳統的仿真器有「南瓜壺」、「荷花壺」等。

◎筋紋器

抽象表現花或竹、瓜等物體的筋紋器，如同其名，特色是縱向雕刻如皺摺的筋紋。圓潤飽滿的外形加上整齊筋紋的優雅設計是出自精密計算的成果。「圓條壺」、「合菱壺」、「半

葵花壺

竹段壺

菊壺」等皆為傳統筋紋器之一。

◎提梁器

紫砂壺的壺把通常在後方，提梁器是手提式的類型。分為固定在壺身，以及用金屬或藤蔓、竹子等連接的可動式壺把。這是常見於日本茶壺或鐵壺的設計。

◎仿古器與其他

「鐘形壺」、「百福鼎」、「印包壺」等是以模仿古代青銅器或陶瓷器、玉器的設計為主的傳統仿古器之一。

另外還有搭配成套的茶壺、當作海外出口產品的茶壺。茶壺與茶杯，或茶壺與保溫器設計成套的茶具組等，多為清代之後的作品。

大提梁壺

紫砂壺藝術的主要作家

明

成化弘治年間（一四六四～一五〇五）

正德年間（一五〇五～一五二一）

嘉靖年間（一五二二～一五六六）

隆慶年間（一五六六～一五七二）

萬曆年間（一五七二～一六二〇）

泰昌年間（一六二〇）

天啟年間（一六二〇～一六二七）

崇禎年間（一六二七～一六四四）

太宗年間（一六二六～一六四三）

金沙寺僧[1]……紫砂壺的創始者

供春[2]

從在熱水中投入茶葉加熱煮沸的「煎茶法」，變成在茶葉注入熱水的「泡茶法」。

董翰　趙梁　袁錫　時朋……**四大名家**

李養心[3]

時大彬[4]　**李仲芳　徐友泉**……**三大妙手**

陳仲美[5]

惠孟臣[6]

仿古銅器壺掀起流行。

士人之間盛行自斟自飲的茶風，小型壺受到歡迎。

1. 金沙寺僧：成化弘治年間之人。據說是宜興東南方的金沙寺修行僧，相關資料多為不明。習得陶藝後，以紫砂製作茶壺，被視為紫砂壺的創始者。
2. 供春：侍奉在金沙寺求學問的吳頤山，邊打雜邊學習老僧的手藝，習得陶藝。被譽為「供春之壺，勝於金玉」的砂壺名手之一。
3. 李養心（茂林）：想出將茶壺放進缽內入窯燒製的方法，不使用釉藥，追求紫砂的天然美。
4. 時大彬：初期模仿供春的作品，偏好製作高壺。後來受到陳眉公《品茶試茶論》的影響，奠定小型壺的基礎。
5. 陳仲美：原為景德鎮的瓷器名匠，將製瓷技術導入紫砂壺的製作。
6. 惠孟臣：因精妙的小型壺受到高度評價，孟臣壺日後成為功夫茶器的基本款。

清	中華民國
順治年間（一六四三～一六六一） 康熙年間（一六六一～一七二二） 雍正年間（一七二二～一七三五） 乾隆年間（一七三五～一七九五） 嘉慶年間（一七九六～一八二〇） 道光年間（一八二〇～一八五〇） 咸豐年間（一八五〇～一八六一） 同治年間（一八六一～一八七四） 光緒年間（一八七四～一九〇八） 宣統年間（一九〇八～一九一二）	民國（一九一二～）→

康熙年間，富岡鐵齋（明治至大正年間的文人畫家，譽為「日本最後文人」）出版了日本最古老的紫砂茶具圖錄。

陳鳴遠[7]

惠逸公[8]

反映清朝宮廷文化的絢爛豪華茶器誕生。

紫砂壺的工藝技法匯集大成。

楊彭年[9] **楊寶年**

楊鳳年 **邵大亨**

曼生壺 風靡一時

邵二泉

何心舟

吳月亭

文人之間紫砂壺愛好者增加。

仿古壺流行

金士恒[10]

紫砂壺的製作採行分工化，依等級別進行量產。

程壽珍、俞國良等人的作品在巴拿馬太平洋萬國博覽會獲得一等獎。

裴石民 王寅春 朱可心 顧景舟

7. 陳鳴遠：清代眾多偉大陶工之一，作品包含仿真器、筋紋器、圓器、方器。

8. 惠逸公：與惠孟臣並稱「二惠」的小壺名人。

9. 楊彭年：讓古典紫砂藝術的傳統復活，傳承延續。從自然界植物等的形態受到啟發，進行創作。胞弟寶年，胞妹鳳年。

10. 金士恒（子友）：與吳阿根一起赴日，在愛知縣常滑市傳授紫砂的傳統技法。

在台灣買壺、選壺的重點

宜興的朱泥壺於江戶時代傳入日本，這與江戶時代後期日本開始流行煎茶有關。陶工杉江壽門、片岡二光等人模仿宜興朱泥壺，在愛知縣常滑市嘗試製作朱泥壺。常滑的朱泥燒是將富含鐵質的陶土進行氧化炎燒而成，所以呈紅褐色。

明治十一年（一八七八年），宜興窯的陶工金士恆（本名金子友）等人赴日，傳授了中式朱泥壺的製法，常滑成為繼宜興之後的朱泥壺產地。金士恆傳授的是不使用轆轤的傳統製法，但或許是為了提升生產性，在日本生產時轉而使用轆轤。最後常滑的朱泥壺製法在日治時代傳入台灣。

台灣台北市近郊的鶯歌[18]是最大的陶瓷器產地。

18. 鶯歌：鶯歌的地名由來是巨大岩石的形狀。此地的山脈斜坡有一塊突出的岩石形似鸚哥（或鸚鵡），故稱鸚哥石。鸚哥如何變成鶯歌的詳細過程不明，但關於這塊岩石有著一段傳說。

相傳鄭成功率軍北上時，經過現在的鶯歌附近，突然出現兩隻怪鳥，頓時天地變色。鄭成功命人開槍擊退怪鳥，結果空中黑霧散去，遭擊傷的怪鳥朝大漢溪的東岸飛去，最後化作鷹山；另一隻嘴被射穿的怪鳥則是在大漢溪西岸，也就是現在的鶯歌，化作鸚哥石。

台灣陶瓷器的發展始於福建省福州、泉州移民帶來技術的南投縣。泉州擁有優質的陶土、瓷土（高嶺土），古時自南北朝（四二〇～五八一年）時代，窯業已十分發達，宋、元時代也曾向東南亞與日本出口陶藝品。

鶯歌的開墾始於清代康熙年間，乾隆道光年間，泉州安溪人積極展開行動，移民把製作陶瓷器當成農業的副業，在鶯歌發展開來。

鶯歌原本採不到瓷土，主要是以零星開採到的陶土製作成火盆或茶壺、水壺、瓶子等簡單的日常用品，而且產量有限。後來陶瓷小鎮鶯歌在日治時代成為台灣陶瓷器的重要都市。

以往總是一家獨大的窯業，一九二一年成立公會後，有了嶄新的轉變，各方人士紛紛加入。一九三〇年代隨著日本技術移入，工業化發展，鶯歌的陶器工廠數量超過南投縣，成為全台第一。當時除了桃園市、苗栗縣的陶土，也採用日本進口的高嶺土，主要製品是融合台日設計的獨特器物、茶器，也有量產的工業用品。

一九七〇年代之後改成用瓦斯窯，廠數續增的鶯歌被稱為「台灣景德鎮」。戰後才三十多家的陶瓷工廠，在一九九二年已超過八百家，員工一百五十人以上的大廠也超過七家。五十年來，鶯歌生產了日常食器、工業用品、建築材料、磁磚或便器等陶瓷製品。

近年受到飲茶、茶藝風潮的影響，市面上出現許多作工細緻的茶壺、茶杯等茶具。鶯歌的茶壺從個別製作的手工品到陶瓷廠商生產的製品，種類豐富。實用洗練的美麗外形，講究細節的細膩用心，刺激使用者玩心的嶄新創意皆令人感受到「Made in Taiwan」的魅力，尤其是像紅茶杯組等設計成套的功夫茶具組[19]，增加了收藏樂趣。

不少人不僅喜愛中國茶，也愛中式茶壺。陶土的樸實自然感、一手掌握的拳頭般大小、簡單的造型美，整天看都看不膩。乍看相似的茶壺，顏色或尺寸、設計富有變化，有著自成一格

19. 功夫茶具組：台灣的功夫茶具包含茶壺、茶海、四個或六個一組的茶杯。起初茶壺是用開片（瓷器釉面自然開裂的現象）或朱泥，茶杯是用青花瓷等並未成套，後來整套的陶瓷茶具組變得普遍。

的獨特。

接下來要介紹幾個挑選實用茶壺的參考重點。

愈用愈愛不釋手的好茶壺，首要條件是骨肉均整，也就是大小、厚度均勻，形狀工整。試著抓住壺鈕，轉動壺蓋，確認有無歪斜。若是使用好的材質，壺身與壺蓋接觸時會發出像是金屬摩擦的聲音。優秀製壺者做出來的茶壺，壺蓋完全密合，沒有半點縫隙，密合度佳時，壺內便能夠保持高溫，泡幾次茶依然好喝。壺鈕的氣孔大小經過仔細計算，注入熱水時會堵住，不發出任何聲音。

壺嘴與長短、粗細、廣窄無關，能夠靜靜倒出優美弧線般的水流。注入熱水後的斷水性佳，一滴不漏。壺嘴內壁也悉心製作，比起獨孔的出水孔，網孔更為實用。為了找尋能長年使用的茶壺，設計或契合度固然重要，但也需實際倒水試用，調查功能性為一大重點。

其實茶壺有許多大小與設計，仔細比較會發現有高壺和矮壺，建議各位最好依茶的種類選擇壺形分開使用。

高壺適合沖泡紅茶或烏龍茶那樣的發酵茶。為了引出熟成茶葉的深厚香氣及滋味，必須讓茶葉在壺內充分悶蒸；反之，未發酵的綠茶則適用壺嘴寬的扁平矮壺。綠茶的魅力就是新鮮，讓茶葉悶太久會破壞原本的色澤、香氣與味道。

台灣茶有許多種類，用來泡輕發酵的文山包種茶、細心揉製而成的高山茶或凍頂烏龍茶、重發酵的東方美人茶等台灣茶的茶壺，要研究適合的壺形精心挑選。最好是依用途分成烏龍茶用、包種茶用的茶壺，不要混用。

茶壺各部位的名稱

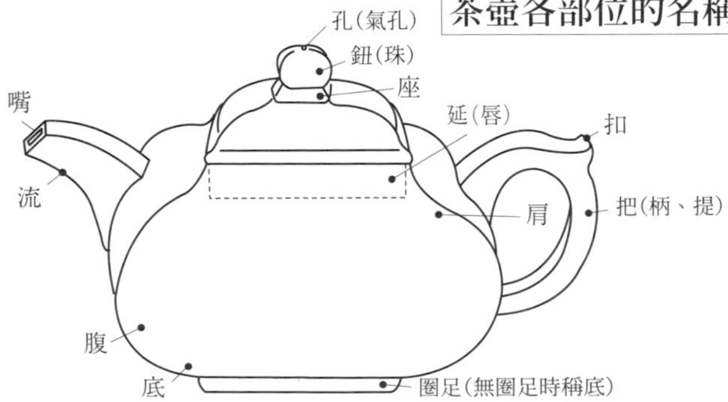

如左圖所示，壺把在壺嘴延長線上的茶壺稱為「把壺」。像日本茶壺那樣壺把與壺嘴呈九十度角的茶壺稱為「銚壺」。

第八章　造訪台灣的茶藝館

讓茶喝起來更美味的茶具與台灣茶藝

烏龍茶普及於福建省、廣東省等中國部分地區，有其獨特的泡茶法，使用統稱為「工夫茶具」的專用茶具沖泡。這套功夫泡茶法與烏龍茶一起傳入台灣，最基本的工夫茶具稱為「烹茶四寶」，意指煮開水泡烏龍茶的四項工具。

第一是放了燃料，形似炭爐的小烘爐（茶爐），用於煮沸熱水。第二是放在爐上直接加熱的陶壺（砂銚壺），第三是泡茶的茶壺，如江蘇省宜興名產的紫砂壺等。第四是喝茶的小白瓷杯，通常是四個或六個一組。

工夫泡茶法與茶文化從烏龍茶的故鄉福建省、飲茶的發源地廣東省傳入台灣，經過了一段時間後發展為台灣茶藝。現在稱為「茶藝」、「中國茶道」的飲茶方式便是在一九七〇年代末期至八〇年代初誕生於台灣。

一九五〇年代開始，美國文化也大量流入台灣，咖啡館、酒吧林立。後來台灣社會有一部分的人認為比起膚淺的美國文化，應該重新認識台灣的美好，於是以傳統工夫茶為基礎，在台灣發展的飲茶文化形成了「茶藝文化」，一九八二年中華茶藝協會成立後，台灣各地陸續開設茶藝館。

茶藝是指為了讓茶喝起來更美味，除了使用特別設計的茶具泡茶，亦重視茶葉品質或品茶環境的嶄新茶館文化。工具方面沒有限制或嚴格的規定，泡茶動作也沒有統一。茶藝是以「選擇好茶」、「使用適合的工具泡出美味的茶」為原則，依個人喜好享受茶的色、香、味。

隨著茶藝文化的發展與近代化，台灣的傳統茶具變得更方便，飲茶方式也慢慢改變。台灣茶藝必備的主要工具[1]包含煮水器具、茶壺和茶杯、燙壺溫杯時接熱水的茶船，或是有瀝水架的茶盤。

煮水器具除了傳統式烘爐，還有不鏽鋼製的電熱壺、搭配酒精燈使用的耐熱玻璃壺等。

茶盤通常是上下可拆式的雙層設計，上部有瀝水孔，下部是接水的深盤，即使放了茶壺或茶杯澆淋熱水也沒問題。原本茶盤多為陶製，後來不易破損的竹製或木製、不鏽鋼製的茶盤廣為流行。

除了這些實用的工具，為了讓茶喝起來更美味，台灣人也發明出了方便且獨特的工具。例如讓茶維持一定濃度、平均分配的茶海（亦稱公道杯）就不是來自福建或廣東的傳統茶具，將茶湯依人數均等分配至最後一滴也是茶藝的技巧。

傳入台灣後進一步發展的功夫茶具包含茶壺、茶海、四個

1.台灣茶藝工具：請參閱96頁。

一組的茶杯共六項，一般稱為「老人茶具」或「平民工夫茶[2]」，長久以來已融入台灣人的生活。

在茶藝文化形成的一九八〇年代，台灣人又發明出嗅聞香氣專用的聞香杯。這是源自把茶「香」與「色、味」分開，單純享受茶香的藝術發想。

聞香杯的容量與喝茶的茶杯相同。使用方法是先將茶海的茶倒入聞香杯，再倒入茶杯。透過筒狀的聞香杯充分感受茶香後，再以舌尖品嘗茶味。

另外還有欣賞茶葉、量取茶葉的茶則（茶荷），方便清潔茶壺的輔助工具等，種類相當豐富。

關於茶藝館

2.老人茶具、平民工夫茶：福建、廣東的功夫茶具與飲茶法傳入台灣後，過了一段時間發展為①台灣傳統功夫茶具、②老人茶具（即平民工夫茶）、③當代茶藝茶具。

一九六〇～七〇年代，鶯歌開始生產俗稱老人茶具的工夫茶具組（茶壺、茶海、四個或六個一組的茶杯）。茶壺容量一般分為一茶杯、兩茶杯、四茶杯、六茶杯的量，超過六茶杯的茶壺稱為大隻。

老人茶的名稱由來不明，據說是看到老人家從早到晚在茶店邊喝茶邊下棋或閒聊的景象，故戲稱為老人茶。老人們之所以偏愛濃茶多半是因為有吸菸喝酒，或者嚼檳榔的習慣。

各位知道茶藝館嗎?·茶藝館是由「茶館」衍生出來的新詞，根據字典的解釋是「專為人泡茶品茗的店舖，和一般專門販賣茶葉的茶行不同，以供客人休憩、閒聊為主」。

茶館歷史悠久，源頭至少可追溯至中國晉代，從唐代茶聖陸羽所著的《茶經》七之事的記載，晉代已將茶當作飲料在市場等處販售。隨著都市商業的發展，在唐代中期，人們會到茶館這樣的固定場所飲茶，唐朝官員封演的《封氏聞見記》中亦曾提到茶館在大都市中隨處可見。

茶館亦稱茶坊、茶肆等，到了宋代變得更普遍。孟元老的《東京夢華錄》、吳自牧的《夢粱錄[3]》中各自描述北宋首都開封與南宋首都杭州的景象，當中亦提及叫賣茶的小販和專門泡茶賣茶的店家。杭州的茶肆（茶店）整年都能喝到美味的茶，店內裝飾也很用心，擺放季節花草、名人書畫，用漆器茶托搭配瓷器，那樣的品味猶如日本茶的源流。享受品茶樂趣，學習吟歌或樂器，宋代的茶館是富裕之人聚集的風雅場所。

3.《夢粱錄》：書中將茶視為等同柴、米、油、鹽、醬、醋的每日生活必需品。

在茶的製法發展進步的明清代，飲茶已是大眾文化，所到之處皆可見到茶館、茶坊。茶館成為市民生活不可或缺的存在，甚至出現同時賣茶與酒的店家，發展為可以看戲聽曲的娛樂場所。有時是愛鳥人士帶鳥籠相聚、評比鳥兒叫聲的茶會或比賽下棋的會場，有時是談生意的地方，或是職人、藝術家求職的地方，也是文人雅士聚集的會所，只要是人眾會聚的熱鬧場面自然少不了茶館。

新中國建立後，各地的茶館幾乎都消失了，但在一九七〇年代茶館慢慢回歸，九〇年代後期現代茶藝館又變得受歡迎。

一九七〇年代末期至八〇年代初，現代茶藝的發想與風格確立於台灣。玩味茶葉或水[4]，使用適合的工具泡出美味的茶，這是茶藝的發想。「茶藝館」著重於打造品味茶的環境，透過各種設計巧思加上貼心考量，營造出使人靜心沉浸在茶藝情趣之中，或是與人暢聊文學或藝術的放鬆空間，以及令人舒心愜

4. 玩味水：自古以來好茶就要有好水，不破壞茶色或風味是水的第一要件。理想的好水是「清冷、芳香、甘甜、順口、活水」狀態的湧泉。

意的茶室擺設。

試著走進茶藝館，就能感受到獨特一貫的主題性。仿明清代風格的室內裝飾，以書畫、工藝品妝點而成的古典風，或是寂靜佇立於田園風景中的涼亭風、強調各地區民族特色的異國風等，造訪現代的茶藝館就像去了主題樂園一樣有趣。

不過說到底，享受茶館的氣氛就是一群人聚在稱為散座或大堂的大廳裡一塊兒喝茶。大廳備有桌椅，有些店家會設置空間讓專家表演茶藝，或是演奏樂器營造氣氛，近來有些店家也會像咖啡廳或餐廳一般，在桌與桌之間擺放矮屏風隔出獨立空間。

專屬的個室稱為包廂或房座，相當受歡迎，但有些店因為規模不大，沒有設置個室。依目的或心情選擇座位也是在茶藝館享受的方法之一。

不常喝中國茶，或是想買茶卻不懂茶的人更該造訪茶藝館。去茶鋪買茶之前先到茶藝館收集情報是不錯的方法，茶藝館的點單上都是當地受歡迎的茶，從正宗台灣產烏龍茶到中國產普洱茶、綠茶、紅茶都喝得到，可以在此放鬆心情，找出喜歡的茶並學習泡法、比較茶價。

插個題外話，除了茶館和茶藝館，還有其他冠上「茶」字的場所。在街上逛逛時不妨四處瞧瞧，也許會發現不錯的店。例如「茶樓」原指兩層樓的茶屋，現在多為大型的餐廳；規模小一點的稱為「茶店」，兩者皆受到飲茶發源地廣東的影響。此外「茶室」就像過去的茶館，現在多是老人家的休憩場所。

成爲飲茶名人

遊山玩水

在茶藝館喝茶時，泡茶的服務生在倒茶之前會用茶壺底部在茶船（放茶壺的深盤）邊緣繞一圈。這個手法稱為「遊山玩水」，即將茶船邊緣當作山，茶船內的熱水當作池或湖。

「遊山玩水」原是為了刮除附著在茶壺底部的水滴，反而萌生出品茶樂趣的玩心。喝中國茶沒有嚴格的規定，泡法則帶個人喜好或個性。「遊山玩水」後，茶壺先放在茶巾上，擦掉水氣再分茶入杯。

關公巡城、韓信點兵

將茶壺的茶分別倒入茶杯稱為「分茶」，為了均分壺內的茶，其中還是有些技巧。台式茶藝會使用茶海（公道杯），使每一杯茶的濃度相同，然而一開始是沒有茶海這項茶具的。

在福建省南部、廣東的潮州、汕頭地區獨自發展而成的「功夫泡法」，大概是一公克的茶葉加二十毫升的熱水，比起其他茶，茶葉用量多達三倍。像這樣用大量茶葉泡出來的濃茶，分茶時格外重視濃度均一。

因此將小茶杯排成國字的「一」或「品」、「田」，依序分茶。以一定速度在茶杯上來回移動茶壺的手法，稱為「關公巡城」或「韓信點兵」。

這是把冒著熱煙的茶杯比喻為城池，通過上方的茶壺好比逐一巡視的關公，故稱「關公巡城」。

此外，最後留在壺內的數滴茶被視為最濃郁珍貴的茶，無

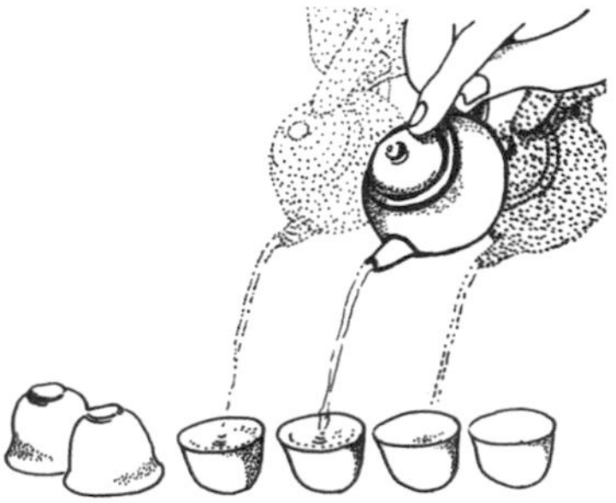

論是紅茶、綠茶或烏龍茶都一樣，最後一滴也要仔細分配的動作就像認真閱兵的韓信，故稱「韓信點兵」。

字面上感覺嚴肅的「關公巡城」、「韓信點兵」，其實是泡出美味茶手法的幽默妙喻。

泡茶高沖，分茶低斟

泡茶的時候，從水壺注入熱水時稍微提高水壺，讓熱水自高處落下，是泡烏龍茶的技巧之一。此時水壺的壺口不是對準茶壺中心，而是沿著邊緣慢慢地持續沖入熱水。

由高處沖入熱水，壺內的茶葉會上下翻動，使茶的成分充分釋出，茶湯濃度變得均一。而且熱水柱能夠沖掉附著在茶葉表面的些許雜質，如果熱水表面浮現泡沫，再倒一些熱水使其流出，即完成洗茶。

從茶壺分茶入杯時，反而要將茶壺靠近茶杯低斟。這麼做除了能避免香氣或滋味流失，同時防止泡沫產生影響茶湯的美觀，減少發出滴滴答答的雜音。只要留意水壺和茶壺的拿法，泡茶的動作就會變得很優美。

享受方式大不同的茶與酒

貌同實異的茶與酒經常被拿來做比較。在飲茶的故鄉廣東省潮州、汕頭地區有句話說「茶三酒四」，這句話表現了茶與酒的性格差異。

「酒四」是形容酒席熱鬧歡樂的景象，四為人數。四個酒伴聚在一起就會邊喝酒邊吟唱詩歌，每人吟一句便能做出一首詩，因此四人是享受飲酒樂的理想人數。

但品茶又是另一回事。茶泡了兩、三泡之後，味道會逐漸變淡，人數一多，茶很快就變淡；「茶三」便是指享受品茶樂的最佳人數。

「七分茶，三分情」這句話的另一種說法是「淺茶滿酒」，這是分茶入杯的守則之一。

如字面所示，茶倒七分滿即可，留下三分是人情。熱茶燙手，倒太滿不好拿，雖然心裡知道，有時還是倒太多；反之，酒如果倒得太少反而很失禮。

爽快飲下的酒與優雅安靜享用的茶，兩者都是款待客人的必備品，如何營造賓主盡歡的氣氛就十分重要。

屈膝下跪

在茶藝館或餐廳等場所喝茶時，有些客人會彎起食指和中指輕叩桌面三下。這個動作俗稱「屈膝下跪」，名稱由來出自一段故事。

某日，清代乾隆皇帝下江南探訪民情，為了隱藏身分，與隨行官員一起扮成平民造訪村莊。突然間下起雨，一行人進入街上的小茶店。狹小的店內十分擁擠，茶店伙計粗魯地將水壺和茶杯擺在乾隆面前，轉身離去。

結果，乾隆索性為隨行官員倒起茶來。官員們見狀感到驚慌，靈機一動想出妙計，彎起兩根手指輕叩桌面，代替三跪九叩之禮。此後，以兩根手指輕叩桌面的動作稱為茶禮[5]，用於向斟茶者表示感謝與敬意。

老茶壺泡，嫩茶杯泡

沖泡後茶葉會展開變大的茶，即可以多泡幾次。達到一定成熟度的茶葉纖維質豐富，成分不易釋出，用保溫性佳的茶壺沖泡這樣的茶，保持香氣的同時也能充分引出滋味。

反之，若是細且柔軟、形如雀舌的綠茶，用茶壺高溫浸泡等於是用水煮茶葉。非但茶湯為之變色，清新的香氣、新鮮的味道也全都變質，可說浪費了茶葉。只選用新嫩芽製成的茶，

用無蓋瓷杯或玻璃杯沖泡不會破壞茶的原味，還能欣賞茶葉在茶湯中舞動的姿態。

在中國茶的世界，通常成熟的茶葉是用茶壺沖泡，細嫩的茶葉是用茶杯，這稱為「老茶壺泡，嫩茶杯泡」。

5. 茶禮：古時的茶禮是指聘金。有句話說「吃了那家的茶，就是那家的人」，「吃茶」便是訂下婚約之意。茶是訂定婚約後，男方送給女方的聘禮，《夢粱錄》中也有記載，富裕人家的聘禮除了珍珠、玉石等珠寶和綢緞，也會送上硬實的「茶餅」。當時茶和珠寶同為高級品，茶更是婚禮儀式的必備品。這是因為，有別於現在移植茶苗、扦插繁殖的栽培法，以前的茶是直接播種栽培，故亦稱「不遷」，人們深信茶無法移植，加上結實纍纍的茶樹很是喜氣，所以茶就成為婚禮上不可或缺之物。

茶葉與茶壺的資訊中心

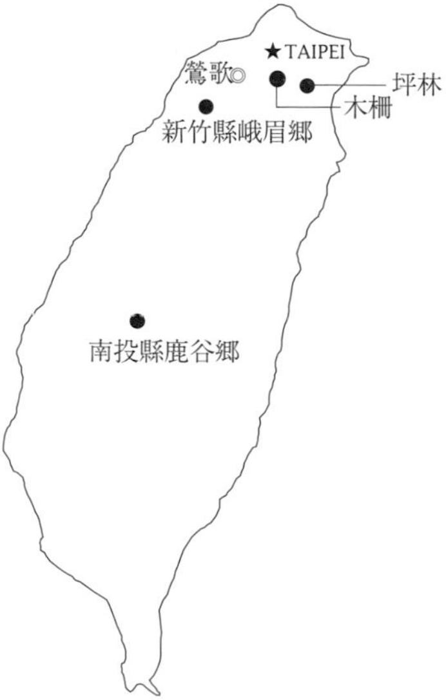

坪林茶業博物館

設立於一九九七年，台灣第一、世界第二的茶業博物館。台灣茶的故鄉安溪風格的四合院建築，位於山坡的庭園，視野良好。庭園內有陸羽銅像和供奉「茶郊媽祖」的小祠。館內有介紹製茶工程、茶葉特性、品茶方式等的展示，附設的茶室也能品茶。販賣部的各種茶葉製品也別錯過。

所在地

新北市坪林區水德村水聳淒坑 19-1 號

南港茶葉製造示範場

適合茶葉生長的南港，自古以來就是包種茶的產地。此處過去曾是教授製茶技術，名為「茶葉傳習所」的專門學校，二〇〇二年七月更名為南港茶葉製造示範場，對外開放。內部設有製茶機械展示區，以及解說茶葉鑑定方法等茶知識的展示。

所在地

台北市南港區舊莊街二段 336 號

台北市鐵觀音包種茶研發推廣中心

這個推廣中心主要介紹鐵觀音茶與鄰近的南港地區製作的包種茶。從茶的品種到製茶工程、茶葉保存方法、泡茶方法等皆有展示解說。

所在地

台北市文山區指南路三段 40 巷 8-2 號

峨眉鄉富興茶葉展售中心

東方美人茶與茶葉製品的推廣販售中心。只有原產地會將東方美人茶分為七等級（由低至高依序是青、橙、黃、紅、白、銀、金）。

所在地

新竹縣峨眉鄉富興村 12 鄰 22-6 號

國立故宮博物院

以中國宋～清代歷任皇帝的收藏品為主，藏品近七十萬件，是全球屈指可數的博物館。當中又以唐、宋、明、清的瓷器收藏最多。二〇〇二年舉辦的特展「也可以清心—茶器．茶事．茶畫」曾引發關注。

所在地

台北市士林區至善路二段 221 號

鴻禧美術館

位於大廈地下一樓的私立美術館。一千坪的空間內有五個展示室，陳列六百多件美術品。全部都是企業家張添根父子的收藏，除了漢、隨、唐代的青銅器，還有宋、元、明、清代的陶瓷器、畫作、佛像等珍品。附設圖書室與陶瓷器研究室。收錄該館收藏品的企畫展圖錄適合收藏鑑賞。

所在地

台北市中正區仁愛路二段 63 號 B1

陶瓷博物館

二〇〇〇年十一月開館，從台灣最大的陶瓷小鎮鶯歌的歷史與發展，到台灣陶瓷的發展趨勢，館內皆有展示解說。

所在地

新北市鶯歌區文化路 200 號

國立歷史博物館

館內五萬多件的收藏品主要來自中國移送或民間捐贈。彫刻、家具、文具、樂器、服裝等。尤其是陶器、古錢與古鈔的收藏品更是豐富。該館發行的企畫展圖錄中也有茶器的圖版，不妨購入收藏。

所在地

台北市南海路 49 號

鹿谷鄉農會茶葉文化館

在凍頂烏龍茶的故鄉鹿谷可以了解茶葉的歷史或茶的栽培、製茶工程等茶知識。館內附設的茶藝館能夠品嘗到專家泡的茶。

所在地

南投縣鹿谷鄉中正路一段 231 號

張迺妙茶師紀念館

清代自福建省安溪引進鐵觀音茶的張迺妙先生，從茶樹栽培到製茶一手通包，是台灣製茶界第一人。其優秀的茶師技術對文山包種茶的誕生造成了不小影響。館內主要介紹張迺妙茶師的生平與貓空茶園的發展史。附設的迺妙茶廬可享用美味的茶與餐點。

所在地

台北市文山區指南路三段 34 巷 53-2 號

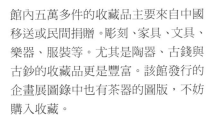

第九章　茶的保存方法

高級茶葉的保存重點

熱與光是茶葉的大敵。因為熱與光會破壞左右茶葉品質的重要成分，或是引發氧化反應導致劣化。濕度也會造成茶葉變質。受潮的茶葉會產生異味，甚至發霉無法飲用。為了隨時都能喝到美味的茶，學會茶葉的保存方法之前，先來了解茶葉的性質。

茶葉容易吸收香氣或水分。茉莉花茶就是利用茶葉的這般性質，而製成了花茶。估算茉莉花開始釋放花香的時機，把花和茶葉放在一起，待香氣轉移後去除花並烘乾茶葉，茉莉花茶就完成了。將水分或有氣味的東西擺在茶葉附近，茶葉馬上就會吸收，味道也跟著改變。

說到茶葉的保存條件，保持低溫低濕，隔絕光與空氣，遠離異臭物很重要。也就是說，適合保存茶葉的理想環境是「乾燥」且「接觸不到空氣」的「陰涼處」，接下來介紹三個符合這些條件的保存方法，方便各位在家中管理保存少量茶葉。

一、使用密閉式保存容器保存

錫製、銅製、陶瓷製的茶罐[1]自古以來被用於保存茶葉。特別是錫，最適合隔絕空氣，保持茶葉香氣，木製茶箱的內層都是使用錫箔。

日本則有設計精妙的銅製茶筒，內蓋會因自身重量緩慢向下閉合，下降至茶葉的位置後擠出筒內的空氣，達到接近真空

1. 茶罐：即茶葉罐。此物在唐代的《茶經》中尚未出現，但在「茶之具」有提到名為「育」的器具。這是用木頭製成框架，以竹篾編成外圍，糊上一層紙的容器，上蓋與本體之間以中蓋隔開。在江南地區，梅雨時節會使用「育」加熱烘焙茶葉。「育」不只是保管茶葉的容器，也用於保養茶葉的色澤、香氣與滋味。

散茶普及的明清代，人們也開始注重妥善保管散茶的茶罐。散茶起初是以「草茶」之名出現在《茶經》，雖然不像當時主流的團茶般需要進行烘焙、壓碎的繁瑣作業，因為容易受潮，難以維持品質。於是能隔絕濕氣與其他氣味的瓷器、錫製茶罐便廣泛受到愛用。

狀態。

一般茶筒的蓋子即使是雙層構造，有時密閉度還是不足。除了多放些乾燥劑除濕，也可使用有扣環的密封容器。近來也有按壓蓋子使內部真空的保存容器，適合保存葉形易受損的茶葉。在充分乾燥、乾淨無味的容器底部放乾燥劑，接著倒入茶葉，便可保存一段時間。

若想長期保存高山茶等粒狀茶葉，分成小袋的真空包裝最適合。如果是粒狀茶葉，就算用真空包裝機抽出空氣、熱封壓縮也不必擔心受損，置於常溫下可長期維持風味。無論使用哪種容器，務必放在無光、無濕氣的陰涼處保管。

二、放進冰箱保存

文山包種茶等輕發酵茶，為了保持新鮮，適合放進冰箱的低溫保存。

低溫保存分為五度左右的冷藏保存與冷凍保存[2]。雖然兩者都是有效的保存方法，若沒有去除空氣、密封包裝，香氣仍會消失。條索狀的文山包種茶易折碎，最好避免真空包裝。多放些脫氧劑低溫保存就能長期保存。

三、裝進保溫瓶保存

現在很少人使用的舊式保溫瓶，內側是玻璃製，瓶口分為瓶塞式與旋蓋式。儘管因為不鏽鋼水壺的出現而消失，不少家庭的廚房裡應該還收著這種保溫瓶。其實這種保溫瓶具有阻斷空氣，使內部保持一定溫度的功能，相當適合當作保存茶葉的容器。用保鮮膜包住瓶蓋，以橡皮筋捆好固定就更妥當了。

2. 冷凍保存：冷凍保存時，盡量分成小袋收納，為避免風味受損，退冰至室溫再開封。

茶葉的復活

假如茶葉不小心受潮該怎麼辦才好？其實，筆者曾經忘記冷凍庫裡放著已開封的阿里山冬片茶。因為捨不得喝，至少放了三年。

先將冷凍茶葉退冰至常溫，檢視茶葉的狀況。雖然沒有結露，卻有股冰箱味。絕望中仍抱著一絲希望的筆者，便參考林鼎洲老師的建議嘗試自行烘焙茶葉。

使用的工具是可調整熱度的電熱爐、平底鍋和鋁箔紙。在乾淨的平底鍋內鋪鋁箔紙、攤放茶葉，加熱至七十～八十度左右後，保持這樣的溫度。起初先把鋁箔紙當作蓋子包覆茶葉，不時用免洗筷翻動茶葉，觀察狀態。以指尖確認茶葉變熱後，打開鋁箔紙繼續加熱。

這麼一來，茶葉的冰箱味就會消失，茶香慢慢恢復。儘管外觀上看不出來，傾斜平底鍋時，粒狀茶葉隨即滾動，變成輕盈的質感。烘乾茶葉的過程中，聞到茶香便可關掉電熱爐，靜置冷卻。

烘乾的茶葉香氣十足，金黃色的茶湯喝起來更加甘甜。筆者重新體驗到烘焙的效果，不過用平底鍋烘乾茶葉只是應急之策，並非每次都能得到滿意的結果。

也許是為了因應個人需求，最近台灣開始賣起小型烘焙機。把放茶葉的烘焙容器（底部是鐵絲網）裝在電熱爐上，蓋上竹蓋的簡單構造。一次最多可放兩百公克的茶葉，在溫度管理下慢慢地加熱茶葉，用起來安全安心。想讓同一種茶葉有不同的風味或是腸胃較弱的人，小型烘焙機是不錯的工具。

林老師傳授的烘焙重點

烘焙時的加熱溫度設定在七十～八十度（氣溫低的冬季再加十度），加熱一～兩小時。過程中每三十分鐘用乾淨的木鏟輕輕翻攪，為避免烤焦，低溫慢烘是重點。突然提高溫度會破壞葉脈，使雜味無法向外釋出，重要的香氣也會消失，導致茶葉炭化。

等到加熱時間到了，將溫度設定歸零，靜置冷卻，或是把茶葉移入鋪了乾淨的紙的盤子上冷卻。一直擱置不管又會受潮，待茶葉冷卻後盡快收進罐子裡。

基本上不管哪種茶，烘焙方法大致相同。烘焙兩、三次後，茶的甜味會釋出。也有先縮短烘焙時間，數日後再烘焙的作法。

為了不讓異味轉移至茶葉，請慎選烘焙工具。

茶葉枕、茶葉的利用法

根據記錄記載茶葉自古以來就被當作藥物使用。唐代的藥物學家陳藏器[3]在其著作《本草拾遺》中如此描述茶的功能：「諸藥為各病之藥，茶為萬病之藥」。

目前已知茶的功能有「解渴潤喉、降溫、利尿解毒、預防蛀牙、提高免疫力、提神醒腦、預防衰老、殺菌、降血壓、預防血栓等疾病、除臭、幫助消化、降低血糖、預防癌症」。擁有這麼多功能的茶，自古以來就被用於預防、治療疾病。據說中國民間的茶療法多達六百種以上。

茶葉除了泡來喝，使用茶葉的加工品也不少。即溶茶粉、罐裝或瓶裝茶飲已非常普遍，也廣泛用於零食點心類、麵類、

3. 陳藏器（六八一～七五七年）：唐代名醫，編撰研究諸物藥效的《本草拾遺》。

發酵製品等食品或料理。日用品方面，添加茶葉精華的泡澡劑、牙膏、洗髮精、保濕乳霜、防曬乳等也已商品化。浸泡茶液的內衣或冷氣濾網等，則是利用茶葉的抗菌作用。

茶葉即使變成了茶葉渣，卻仍有其利用價值。除了當作家畜的飼料、植栽的肥料，或是煙燻後用來驅蚊，茶葉渣[4]的茶液還能代替潤絲精。此外，乾燥的茶葉渣裝入布袋可做成泡澡劑，也可當作茶葉枕的枕芯。

茶葉枕的作法是將喝剩的茶葉渣鋪在竹篩上，日曬至完全乾燥。放入乾燥劑，慢慢積存至可做成一個枕頭的量後，用平底鍋稍微乾炒，做成枕芯。枕頭的硬度依個人喜好而異，別塞太多對頸部才不會造成負擔。

有別於綠茶或紅茶，莖葉完整保留的高山茶即使乾燥仍有適度彈性，通氣性佳，適合做成茶枕。曬過太陽後散發出茶香，讓人舒服地進入夢鄉。

4. 茶葉渣的茶液：把已經泡過五、六泡左右的茶葉再次回沖，泡久一點，泡好的茶湯放進冰箱冷藏。有些人會加在蘇格蘭威士忌或梅酒裡品嚐，是相當風雅的使用法。

第十章　美麗寶島人物傳

台灣茶之父——李春生

清代道光年間（一八二〇～一八五〇年），台灣已經開始製茶。不過，當時因為清政府的規定無法直接出口海外，台灣茶要先送往福建省福州，經過再製加工才能出口。一八五八年，淡水港開港打開了台灣茶的市場。一八六五（同治五）年以後，貿易記錄[1]記載了台灣茶的出口量。四年後的一八六九年，發生了改變台灣茶命運的事。

這一年，台灣烏龍茶被英國貿易商約翰・陶德（John Dodd）以「Formosa Tea」之名銷往世界。裝滿兩艘帆船的一百二十七・

1. 貿易記錄：台灣茶的出口量最初是由淡水港海關在一八六五年留下記錄，數量為八十二噸多。四年後的一八六九年為二百多噸，當中的二十七噸多被英國商人約翰・陶德銷往紐約。

八噸的烏龍茶[2]，在紐約大受好評。接著從紐約擴大至歐洲各地，遍及世界五十多國，烏龍茶就此支撐起台灣北部的經濟。

當時福建省廈門人李春生從旁協助約翰·陶德，他與福爾摩沙烏龍茶的誕生有著深切的關係。

一八三八年出生於貿易港廈門的李春生，十五歲時與父親一起受洗成為基督教徒。雖然貧窮，他在教會接受教育，學習到許多新知也學會了英語，二十歲時任職於英國人經營的貿易公司怡記洋行。但六年後，大批盜賊暴徒流入廈門，治安陷入混亂，公司無法再經營下去。意志消沉的李春生隨著創設寶順洋行的約翰·陶德來到台灣。

到了台灣，李春生為約翰·陶德安排住處，著手準備台灣樟腦的採購及出口。在陪同約翰·陶德視察樟腦的途中，注意到現在文山、大溪的茶田。當時台灣已開始種茶，也會從茶籽榨油。

他們發現台灣具有茶葉的發展前景後，想到從福建省安溪購買優質的茶苗和種子。獨自前往福建省帶回茶苗的李春生，親自

2. 福爾摩沙烏龍茶：資料記載出貨量為二一三一擔（一擔＝六十公斤），或是廿一萬多斤（一台斤＝六百公克）。

指導台灣農家如何種茶與製茶，輔佐約翰・陶德經營的茶事業。

在李春生的推動下，台灣展開了正式的製茶事業。完成的茶先在廈門販售，受歡迎的程度超乎預期。後來茶區從文山擴大至七星、基隆、海山，努力擴展茶園規模。而且進行各個茶產地的等級排名，從福州招聘茶師，提升台灣茶的質與量，結果便誕生出傲視全球的福爾摩沙烏龍茶。

見到約翰・陶德的成功後，許多外國商人設立了製茶工廠，台灣的排外氣氛卻因而日漸高漲。約翰・陶德經營的寶順洋行停止營業，李春生進入另一家貿易公司和記洋行，進行茶的採購並親自參與茶的販賣事業。

後來李春生離開和記洋行，參與競爭激烈的石油進口運輸事業，短短五年就發展得有聲有色，與英國人經營的怡和洋行並列北台灣兩大石油進口公司。貿易事業獲得的龐大財富讓李春生繼板橋林家後，成為台灣第二的富豪。

來到台灣四十年，開拓發展台灣茶海外市場的李春生，在

上／李春生紀念教堂（位於貴德街44號）
下／李春生宅（位於迪化一街148-150號）

大稻埕（現台北市大同區）打造了洋樓街，經營租賃房屋的不動產業，也投資基隆到新竹之間的鐵道建設、大稻埕港的堤防修復工程等公共建設事業，對近代台灣的發展極有貢獻。

一八九六年二月，李春生一行人共計八名前往日本，他將當時的見聞撰寫為《東遊六十四日隨筆》。李春生是第一位造訪日本的台灣人。

靠著貿易事業累積財力，完成許多偉業的李春生，如今台北仍有幾處能夠追憶他的場所。清代末期至日治時代，大同區曾是最繁榮的地方。

不僅是茶商、資產家、思想家，同時也是活躍於政經界的人物，如此多才的李春生卻在六十歲時退出所有事業，晚年熱衷於哲學、宗教的研究，波瀾起伏的一生在八十八歲時畫下句點。

台灣茶之父——陳天來

一八七二年，陳天來出生於現在的台北市大同區，這一年台灣茶之父李春生三十四歲。

陳天來的父親陳澤粟與李春生在廈門任職於同公司，幾乎是在同一時期來到台灣。當時他在台灣販賣烘焙茶葉不可或缺的木炭。身為次男的陳天來在父親的故鄉福建省安南接觸到製茶後，一八九一年二十歲時創立了「錦記茶行」，從事茶的製造、販售。那時南洋市場[3]的茶葉需要量特別大，業務拓展至新加坡等南洋

3. 南洋市場：當時包種茶在南洋市場特別受歡迎。新加坡或泰國華僑偏愛低發酵的「南港包種茶」，印尼華僑則偏愛發酵度高的「文山包種茶」。

各地的陳天來，事業上獲得很大的成功。

一九二〇年代至一九三〇年代，台北市內創設的教育文化設施「大稻埕幼稚園」、「台北永樂座」、「台灣第一劇場」等都是陳天來的投資。雖然現在已見不到過往的景象，根據史料記述，上演華麗歌舞秀、戲劇等表演的「永樂座」劇場，熱鬧的盛況象徵了因茶葉景氣大好的大稻埕榮景。

說到陳天來的功績，不能不提製茶稅的廢除，以及一九三五年舉辦的台灣博覽會。在陳天來積極遊說下，廢除製茶稅後，減輕了當時壓迫茶業界的稅金負擔，促進茶業的發展。

另外，陳天來成功爭取台灣博覽會分場設在大稻埕（現大同區），主動擔任「南方館大稻埕助成會」的會長。博覽會期間，於南方館設置茶店介紹台灣茶及茶業。

博覽會的宣傳對台灣茶的銷路開創發揮了重要作用。讓世界品牌「Formosa Tea」、「Oolong Tea」的品牌價值變得更加穩固，陳天來可說是功不可沒。

錦記茶行（位於貴德街 73 號）
廈門一帶可見的中西合璧式豪華建築。

番外篇

茶與媽祖信仰

十九世紀中葉，由英國貿易商約翰・陶德（John Dodd）引進台灣的不只是安溪的茶。茶不同於其他農作物，從栽培到製茶的工程需要相當程度的技術力。計劃進行大規模國際貿易的約翰・陶德從安溪招聘大批的茶專家與職人到台灣。也就是說正式的茶栽培是由安溪傳入，茶業專家也來自安溪。

於是短短十五年內茶業規模擴大，台北近郊的山野種滿茶樹。設立製茶工廠後，從栽培到採茶、篩選、精製等製茶工程需要大量的勞動力。

加拿大傳教士馬偕[1]（George Leslie Mackay）醫師的《福爾摩沙紀事：馬偕台灣回憶錄》（From Far Formosa）中提到，每年有一～兩萬的安溪人經由廈門來到台灣從事茶業。當時的製茶集中在清明節至秋分這半年的時間，那段期間簡直忙到喘不過氣。身為季節工的安溪人，依照農曆春來冬返，或是定居於台灣。

台灣茶的故鄉福建省安溪距海遙遠，與港都廈門的距離至少五十公里以上。

當時的主流並非以燃料和引擎航行的汽船，是仰賴風力和人力的帆船。搭乘尖底帆船的戎克船，在不穩定的氣候橫越一百五十公里遠的海峽，危險程度超乎你我想像。

對冒著生命危險往返海峽的人們而言，「媽祖林默娘」是他們的心靈寄託。搭船來台的人除了茶業相關人士，也包含建築技師、土木工、石工、陶工、畫家、教師。平安抵港的人們上岸後一起到媽祖廟上香參拜。感謝媽祖保佑航行順利，或是告慰不幸遇難喪生的同鄉亡魂。

1. 馬偕醫師：一八四四年出生於加拿大，二十七歲時以傳教士的身分來台，此後終生在台灣布教，定居於淡水。他在醫療與教育方面留下許多功績，親筆記錄的《福爾摩沙紀事：馬偕台灣回憶錄》（From Far Formosa）經麥唐納（J. A. Macdonald）牧師編輯後，於一八九五年出版。此中譯本出版於二〇〇七年。

人稱聖母或天妃、天后等各種稱呼的媽祖，主要是中國南部沿岸地區信奉的女神。原名林默，是北宋時代真實存在的人物。

九六〇年，林默出生於現在福建省莆田市湄洲島的民家，她是一男六女中的么女。出生後一個月都沒哭過，故取名為「默」，自幼聰慧過人擁有神力，能夠為人驅邪治病，預知氣象變化，解救許多人脫離海難事故。不過，在二十八歲[2]那年（九八七年），她如自己預言從湄洲島的岩石上羽化升天。

此後林默仍持續活在人們心中，拯救身陷苦難之人，最終成為海上的守護神。

民眾虔誠信仰媽祖，沿岸各地蓋起媽祖廟。在海上貿易興盛的元明代，平安返港的人會去媽祖廟參拜感恩庇佑，這成為地方習俗。四周環海的台灣供奉了超過一千尊的媽祖神像。

台灣各地的媽祖神像，樣貌千變萬化。手腳可動的媽祖、樸實木雕的媽祖、金面媽祖、黑面媽祖、色彩鮮豔的媽祖、慈祥和藹的中年媽祖、嚴母姿態的媽祖、少女般可愛的媽祖……。

2.二十八歲：在中國和台灣，年齡的計算是出生當年即一歲（虛歲）。

媽祖不僅是保佑航海安全的神，也是守護孩童的母性象徵。另外，祈求漁業豐收、大船入港（寶物到來）的人也很多，亦被視為豐饒女神，擁有廣大的信徒。

每年農曆三月二十三日的媽祖誕辰，各地的媽祖廟都會盛大慶祝，相當熱鬧。在信仰各種神明的台灣，媽祖是人氣極高的神明。

除了單獨供奉的媽祖像，還有兩旁站著護駕將軍的媽祖像。左為千里眼，右為順風耳。

以前的人相信海上有興風作浪的妖怪，那就是千里眼和順風耳。受到媽祖的慈悲感化後，伴隨媽祖左右，成為判斷航路吉凶的善良神明。

茶的變遷——傳入台灣之前的中國茶發展

日本人常喝的「煎茶」，原意其實是中國古代的飲茶方式[3]。換言之「煎茶」就是「煮茶」。「煮茶飲用」的飲茶方式是從何時開始，目前仍不明，大概始於秦、漢代。

唐代之前，人們將生茶葉或日曬乾燥的茶葉直接投入熱水，煮成熱茶飲用，這是最初的喝法。後來，出現了將蒸過的茶葉壓緊、乾燥，製成固體的緊壓茶。到了唐代，已有粗茶、散茶、茶粉、緊壓茶（茶餅、團茶等）四種形態的茶。這些都是經過蒸菁（蒸氣殺菁）抑制發酵的綠茶。

唐宋代進貢入宮的茶以緊壓茶為主，當中宋代的龍團鳳餅（龍鳳茶）更是費時費工。將蒸過的茶葉壓榨到毫無水分、油

3. 古代的飲茶方式：茶的本名是荼。唐代之前，茶寫作「荼」。使用嫩芽與葉，加入其他食材煮成汁，主要用於治病、解毒。

分後，加適量的水，把搗碎的茶葉末用模具拍壓定型。然後花費近兩週的時間進行乾燥。

宋代從原本的煮茶延伸出用茶粉加熱水，以茶筅（竹製茶刷）攪拌的「點茶」技術。在宮廷或文人雅士等少數人之間，出現了熱衷評比茶的優劣，以品評為樂的「鬥茶」，這群人嘗試比較各種點茶技術。可惜的是，不僅是點茶技術，如今中國已無喝點茶的習慣。

到了元代，團茶、茶餅逐漸被淘汰，散茶急速發展。

在發展成熟的明代除了蒸綠茶，還有炒綠茶、全發酵的紅茶、後發酵的黃茶與黑茶、微發酵的白茶。炒乾茶葉（炒菁）的製茶方法普及是劃時代的改變。此後沖熱水泡開茶葉的喝法變得普遍，也就是今日常見的泡茶、飲茶方式。

這種方法在中國稱作泡茶[4]。泡即浸泡，泡茶可說是創新的飲茶方法。不需要準備許多工具或特別的作法，只要注入熱水，任誰都能輕鬆泡好茶。使用優質茶葉，留意水質或熱水的熱度、

4. 泡茶：茶葉直接加熱水沖泡的方式，概分為使用茶壺的「泡茶（壺泡）」與不用茶壺的「撮泡法」。撮是指以手指抓取一撮的分量，把一撮茶葉投入杯中，直接注入熱水沖泡。「撮泡法」只用一個茶杯就能代替茶壺，可說是最簡單的泡茶法。許多人會用這種方法泡文山包種茶或東方美人茶。

適當的時機，就能像專家一樣泡出美味的茶。因為製茶技術的進步與茶文化的發展，人們懂得欣賞茶葉的形狀，玩味茶葉香氣與滋味。

到了清代，除了綠茶、紅茶、黃茶、黑茶、白茶，還多了半發酵茶的烏龍茶（青茶），中國六大茶到齊。

《清稗類鈔》（徐珂編撰）中有提到當時的烏龍茶製造：「烏龍茶是閩、粵[5]等地生產的紅茶[6]。生茶葉經日曬變成黃色後，移入桶內摩擦，加熱烘焙蒸發水分。再將茶葉移至小火的釜鍋內反覆搓揉。接著用布包覆促進發酵，使茶葉變成紅色。完成香味濃郁的上等茶。」

製茶的傳統與優良品種隨著移民來到台灣落地生根。福爾摩沙烏龍茶誕生已一百三十多年，儘管命運多舛，台灣茶以卓越的知識及經驗獨自完成發展。

如今，清新之中帶著森林香氣的頂級高山茶，擄獲了大眾的心。

5. 閩、粵：福建省、廣東省的別稱。
6. 紅茶：本文指半發酵茶。

近現代　台灣茶年表

一六四五年　荷蘭人發現台灣已有野生茶。

一七九六年　清代嘉慶年間（一七九六～一八二〇年），柯朝*將福建武夷茶移植在台灣北部，之後廣泛栽培出烏龍茶等優良品種茶。

一八二〇年　清代道光年間（一八二〇～一八五〇年），台灣產茶以粗茶狀態送往福建省福州，經再製加工後出口。

一八五五年　鹿谷人林鳳池將武夷山茶苗帶回台灣，中部地區也開始種茶。

一八五八年　依據天津條約，台南安平、淡水開港。

一八六三年　高雄（打狗）、基隆（雞籠）追加開港。

一八六五年　英國貿易商人約翰・陶德來台視察樟腦，發現台灣茶具有前展前景。根據當時淡水海關的記錄，台灣茶的

柯朝：另有一說是賴柯或柯昇，但柯朝的說法最具說服力。

一八六六年　出口量已有八十二噸。

一八六七年　約翰．陶德在福建省安溪購入茶樹苗，鼓勵台灣農家嘗試栽培。同時設立烏龍茶製造工廠。

一八六九年　約翰．陶德開始在廈門*販賣台灣茶。

約翰．陶德用二艘帆船載運一百二十七．八六噸的台灣茶出口至紐約。（福爾摩沙烏龍茶的誕生）

一八七三年　錫蘭（現斯里蘭卡）茶的出口量增加，中國茶、台灣茶滯銷。變成庫存品的烏龍茶運往福州，加工製成茉莉花茶，以四兩（約一百五十公克）一包的包裝做成包種茶販賣。

一八七五年　木柵樟湖地區栽種安溪鐵觀音茶。同年，屏東縣恆春也開始種茶。

一八七六年　貿易公司相繼開設，台灣茶出口業過熱。

一八八〇年　台灣烏龍茶的產量達五千四百二十八．五三三噸，取代福建省成為第一。自一八六五起的十五年是台灣烏龍茶的黃金期。

一八八一年　招聘福建省茶師吳福老，設立包種花茶工廠。以此為

*廈門：當時出口用的台灣茶是從大稻埕運往淡水或基隆，透過船運送至廈門，再從那兒出口到美國或歐洲等地。

契機，直到一八九四年 台灣產包種花茶持續大量生產。

一八八三年 美國禁止劣茶輸入。

一八八五年 台灣省設立，初代台灣巡*撫劉銘傳*就任。

一八八九年 劉銘傳致力於台灣茶的發展，促成茶商業者組成茶郊永和興*。

一八九五年 日本佔領台灣，此後五十年與台灣茶有了深切的關係。

一八九八年 茶郊永和興改組為台北茶商同業公會。

一八九九年 台北海山區與新竹大溪區開始大規模開拓茶園，創設紅茶工廠。

一九〇〇年 台灣茶參加巴黎博覽會，獲得金獎。

一九〇一年 文山與桃園地區設置茶樹栽培試驗場。

一九〇二年 美國廢除茶的進口關稅，台灣茶的輸出狀況好轉。

一九〇三年 安平鎮（現楊梅埔心）設置製茶試驗場，銅鑼圈（桃園市龍潭區）設置栽培試驗場。

一九〇四年 迎合國內需求，開始製造大陸式綠茶。

巡撫：明代以後設置於各省的官名，統籌一省的地方行政與軍事。在清代是繼最高行政官總督之後的官職。

劉銘傳（一八三八～一八九六年）：光緒十三年台灣省初代巡撫。對台灣發展極有貢獻，與鄭成功、陳永華同為知名的重要人物。鼓勵種茶，在文山地區開始正式的包種茶栽培。

茶郊永和興：台北茶商業同業公會的前身。

一九一一年　烏龍茶的出口量創過去最高記錄，達九千二百七・八噸。南港的王水錦、魏靜時改良發明出不薰花的高品質包種茶。

一九一四年　台灣茶在南洋三寶壟爪哇博覽會獲得榮譽獎。歐洲展開第一次世界大戰。

一九一五年　台灣包種茶、烏龍茶共同在巴拿馬運河開通紀念・巴拿馬太平洋萬國博覽會獲得優良獎。

一九一六年　台北茶商同業公會加強取締不良茶與非法交易。

一九一八年　第一次世界大戰結束。台灣總督府推行獎勵茶業。

一九一九年　開始製造出口用的綠茶，一九三三年出口量達巔峰。

一九二〇年　經濟大蕭條，茶葉出貨量停滯。自此年起，王水錦、魏靜時改良的不薰花包種茶製法透過台北、新竹等地的講習會變得普及。

一九二一年　平鎮茶樹栽培試驗場改名為中央研究院平鎮茶葉試驗支所。

一九二三年　台北茶商同業公會舉辦製茶品評會，一百零二件產品參與。此次成為日後各地舉辦茶葉品評會的基準。

一九二六年　包種茶的出口量與烏龍茶相當。另一方面，試驗場引進阿薩姆紅茶，試種成功。

一九二八年　將紅茶以「Formosa Black Tea」之名銷往倫敦、紐約。

一九二九年　新竹縣平鎮設立茶業指導所。

一九三〇年　桃園林口頭湖村設立茶業傳習所，培育茶業人材。

一九三一年　紅茶產量增加，一九三三年超越烏龍茶的產量。

一九三五年　創設茶業改良場魚池分場的前身魚池紅茶試驗支所。隔年，紅茶產量及出口量達巔峰。

一九三九年　中央研究院平鎮茶葉試驗支所改制為農業試驗所平鎮茶葉試驗支所。

一九四四年　中國東北部花茶市場的需求提高，包種花茶的生產達巔峰。

一九四五年　台灣茶的出口停滯。第二次世界大戰結束。台灣省茶業商業同業公會成立。

一九四八年　出口特製綠茶至摩洛哥、利比亞、阿爾及利亞、阿富汗等中東諸國*。

一九四九年　因貨幣制度改革，台灣發行新台幣。自此年起，出口

中東諸國的特製綠茶：炒綠茶的一種，壓縮型的珠茶亦稱火藥綠茶。

一九五四年　量四十八%的紅茶逐漸減少。

一九六五年　佔出口量六成以上的炒綠茶與紅茶的產量相當。開始出口特製蒸綠茶至日本，一九七三年佔總出口量的五十一%，直到一九八〇年都是出口第一。

一九八一年以後　全盛期出口量高達兩萬三千五百多噸的台灣茶，在大量生產大量輸出的時代畫下句點，迎接新時代的到來。隨著貨幣升值與人事費用的增加，台灣茶在世界市場上失去競爭力，出口量減少。另一方面，因為經濟水平上升，茶從海外出口產品變成國內消費產品。

一九九五年以後　茶的進口量超越出口量。近年台灣茶每年生產約兩萬兩千噸，當中的三千多噸用於出口。因茶藝風潮與養生觀念的興起，人們更加重視茶的品質。中部因應國內市場需求的茶產地，以及高海拔地區的茶栽培被寄予厚望。

後記

台灣地形南北狹長，從台北市搭客運約四個小時，抵達位處中部的竹山鎮。接著再開車前往海拔一千七百公尺的杉林溪茶田。途中行經凍頂山附近，見到許多香蕉和檳榔樹，打開車窗，感受到的氣溫與濕度都比台北高，吹了一會兒風後，覺得肌膚變得濕潤。

駛過幾個急彎，眼前的風景頓時改變，樹木變成深綠色的杉樹或檜木、竹林。大自然的冷風舒適宜人，濃郁的森林氣息撲鼻而來。

不知不覺車道外側已被白霧包圍，視野變得狹窄。打開車燈，轉彎前按喇叭示意，一路上與對向來車擦身而過，內心也跟著七上八下。

車子繼續開上未鋪柏油的碎石路，穿過昏暗竹林，總算看見山頂附近的茶田。陡坡茶田的對面一片霧茫茫。只見一間民宅與進行茶葉加工的小屋佇立眼前。一下車，隨即感受到冰冷的空氣在山中流動。

站在茶田中向下俯瞰，有股想跳往霧裡的衝動，感覺地面彷彿搖晃了起來。腳下高度及膝的茶樹長滿健康柔軟的厚葉。

「請你直接吃吃看。」

當時筆者只顧著拍照，聽到林鼎洲老師這麼說，心想不知道會有多苦，忐忑不安地咬了咬茶葉，沒想到沒什麼苦澀味，反而有著果皮般的味道。離開霧氣裊裊的茶園，筆者深刻體會到茶有著不可思議的功能。

不只是喝了之後對身心產生效用的功能。好茶會招來人緣，因茶締造的緣分就像清澈無雜質的茶一樣單純美好。以筆者的情況來說，因為愛茶而去中國留學，為了追尋好茶來到台灣，認識了林鼎洲老師。

從林老師口中得知高山茶的深奧魅力後，不知不覺也來台十多次，收集文獻進行採訪。向老師請益過無數次，了解愈多愈覺得茶是如此美味。

某日，林老師在紙上寫了一句話給我：

「文章、風水、茶，真知沒幾人。」

這是一句台灣俗語，自古以來「文章」、「風水」、「茶」就是難以理解本質的事。能夠真正理解這些事的人少之又少。

如今，偶爾會想起林老師坐在藤椅上靜靜讀經的身影，當時的那句話已銘記在心。

關於本書的出版，首先要感謝恩師林鼎洲老師。還要感謝盡心盡力協助出版的井上健夫醫學博士、植本晉輔先生、志原篤志先生，參與製作的坂川榮治先生、高島宏一先生、荒川八重子小姐。以及未在此提及姓名的諸位良師益友，由衷地感謝各位，多謝！

二〇〇五年十一月　　池上麻由子

附錄　台灣茶名小事典

除了本文介紹的代表性台灣茶，台灣各地也有生產各種茶。包含當地限定的茶與已經停產的茶在內，在此一併介紹。另外統整基本資料時，將茶是嗜好品、茶葉的收成每年都有變動等因素皆列入考量。

※為二〇〇五年資料，同原文書以日語讀音排列順序。

●範例

一、標示內容依序為茶名（商品名）／茶葉的分類／產地／海拔／說明文。

二、茶葉的分類統一從學術用語改為俗稱。

〔學術用語〕↓〔俗稱〕

條型包種茶↓包種茶

半球型包種茶↓（凍頂、高山）烏龍茶

球型包種茶↓鐵觀音茶

台灣烏龍茶↓白毫烏龍茶

三、高山（烏龍）茶的定義是，採自海拔一〇〇〇公尺以上的茶皆標示為高山烏龍茶。

●台灣茶名小事典

1. 赤科山高山茶、秀姑巒溪高山茶

烏龍茶／花蓮縣玉里鄉、富里鄉／海拔六〇〇～八〇〇公尺

玉里鄉和富里鄉位處海岸山脈內側，晝夜溫差大。因地層厚、富含有機物，所產的茶與海拔一二〇〇～一六〇〇公尺的高山茶相比毫不遜色。

2. 阿里山茶

高山烏龍茶／嘉義縣阿里山鄉／海拔七〇〇～一六〇〇公尺

一九八〇年代初期，開始在阿里山山腰進行茶的栽培。阿里山茶甫上市就受到注目。價格與產地海拔高度成正比。通稱阿里山茶，竹崎鄉石桌地區產的茶以阿里山珠露茶、阿里山玉露茶之名販售。

3. 雲頂茶

烏龍茶／雲林縣林內鄉／海拔三五〇公尺

一九八〇年代開始在坪頂進行茶的栽培，雲頂茶是近年才有的茶，產量尚少。

4.
海山龍井茶、海山碧螺春
炒綠茶／新北市三峽區／海拔一〇〇公尺
三峽區是目前台灣唯一僅剩的釜炒綠茶產區。有別於中國產，使用青心柑種這個品種，特色是茶葉上有白色纖毛。雖然全年都能採茶，只有春茶被加工為綠茶，其他作為香片茶（薰花茶）的原料。需求量少且流通量少，近年的生產出現縮小的傾向。

5.
北山茶
高山烏龍茶／南投縣國姓鄉／海拔一〇〇〇～一二〇〇公尺
通稱高山茶販售的北山茶，雖然海拔高，因為偏離中央山脈，缺乏高山茶的特色。

6.
玉山茶
高山烏龍茶／南投縣水里鄉／海拔六〇〇～一六〇〇公尺
水里鄉和信義鄉同為一九八〇年代開拓的高山茶產地。通稱玉山茶，上安村產的稱為勝峰茶。產自中央山脈山腳，具有高山茶的特色。

7.
玉山高山茶
高山烏龍茶／南投縣信義鄉／海拔六〇〇～一二〇〇公尺

信義鄉是一九八〇年代開拓的高山茶產地，茶園規模小、產量少。通稱玉山高山茶，沙里仙產的是沙里仙茶、塔塔加產的塔塔加茶。

8. 玉蘭茶↓請參209頁閱蘭陽茶。

9. 劍湖山茶

高山烏龍茶／雲林縣古坑鄉／海拔四〇〇～一五〇〇公尺

一九八〇年代於華山村開始進行茶的栽培，之後慢慢開拓至高地。三月下旬便可採收春茶，清明節前已上市。

10. 港口茶

特殊茶／屏東縣滿州鄉／平地

約莫兩百年前傳入的典型古式烏龍茶。台灣唯一採用撒籽播種的有性繁殖方式栽培的茶。收成的茶葉不進行萎凋，立刻加熱揉製。雖然乍看似綠茶，因為是用釜鍋炒成灰白色，較接近烏龍茶。製茶方法與綠茶之一「眉茶」相同。

11. 五色茶→請參閱207頁白毫烏龍茶。

12. 五峰茶→請參閱209頁蘭陽茶。

13. 杉林溪茶

高山烏龍茶／南投縣竹山鎮／海拔一六〇〇～一八〇〇公尺

杉林溪茶是竹山茶之中唯一擁有品牌名稱的茶。杉林溪茶的產地龍鳳峽位處海拔一六〇〇公尺以上的高山地區，使用的品種是青心烏龍，並非金萱。

14. 秀才茶

烏龍茶／桃園市楊梅區／海拔一〇〇～三〇〇公尺

楊梅區的埔心設有研究茶葉品種改良或栽培、加工技術的茶業改良場。原為出口用炒綠茶產地的楊梅區，近年轉而生產凍頂烏龍茶。秀才茶之名的由來，據說是因為清朝時楊梅出了三位秀才而有此稱號，在市場上算是相對年輕的茶。

15. 壽山茶

烏龍茶／桃園市龜山區／海拔一〇〇～三〇〇公尺

過去曾是出口用綠茶工廠林立的龜山鄉仍留有「茶專用道路」的標誌，令人憶起過往。近年轉而生產國內用烏龍茶，壽山茶之名據說是喝了會長壽，故又稱長壽茶，在市場上算是相對年輕的茶。

16.
松柏長青茶
烏龍茶／南投縣名間鄉／海拔三〇〇～四〇〇公尺
原名「埔中茶」，一九八〇年代由蔣經國先生命名為松柏長青茶。名間鄉採行機械化後，一九九〇年代茶園面積達最大，近年面積趨於縮小。

17.
樟樹湖茶
高山烏龍茶／嘉義縣梅山鄉樟樹湖／海拔一二〇〇～一六〇〇公尺
樟樹湖是一九九〇年代才開發的高山茶新產地。樟樹湖茶亦稱仙葉茶，擁有出色的高山特有滋味和香氣。但因為產量有限，不易購得。

18.
上將茶↓請參閱209頁蘭陽茶。

19.
青山茶
烏龍茶／南投縣南投市／海拔三〇〇～四〇〇公尺
與松柏長青茶幾乎相同的茶，採行機械化大量生產。

20.
石門鐵觀音
特殊茶／新北市石門區／海拔一〇〇公尺
在日治時代，石門區原是大規模出口用紅茶的產地，如今仍使用紅茶品種，依循慣例製作重發酵茶。烘焙香氣濃郁的石門鐵觀音沒有鐵觀音茶特有的香氣與深度，市場需求量少。

21.
素馨茶↓請參閱209頁蘭陽茶。

22.
大禹嶺茶
高山烏龍茶／台中市與花蓮縣交界附近／海拔二六〇〇公尺
隔著中央山脈的山脊，位於梨山另一側的大禹嶺是海拔達二千六百公尺世界第一高的茶產地。在台灣只有政府重要人物等特定階層的人買得到，是一般人鮮少知道的夢幻之茶。

23.
太峰（高山）茶
高山烏龍茶／台東縣太麻里鄉、金峰鄉／海拔八〇〇～一五〇〇公尺
嘉義縣移民在一九九〇年代之後開墾的新興茶區。太峰（高山）茶主要流通於台東縣和台灣中南部。

24.
竹山烏龍茶、竹山金萱茶
烏龍茶／南投縣竹山鎮／海拔六〇〇～一八〇〇公尺
一九八〇年代初期，在竹山鎮照鏡山栽培新品種金萱、翠玉之後，從有水田的低地開拓至高山地區。因此，竹山茶的海拔高度差異與價差很大。通常茶園的海拔高度低於鹿谷是凍頂茶，高於鹿谷就是高山茶。擁有品牌名稱的高山茶只有種在海拔一六〇〇～一八〇〇公尺的杉林溪茶。

25.
冬片→無特定產地。

26.
東方美人茶→請參閱207頁白毫烏龍茶。

27.
長安茶
烏龍茶／新竹縣湖口鄉／台地
亦稱湖口茶，台灣茶之中最便宜的茶。多為罐裝飲料等的加工用，或是餐廳等場所業務用。

28.
鶴岡紅茶
花蓮縣瑞穗鄉／鶴岡紅茶廠目前停止生產。

28.
鐵觀音茶↓請參202頁閱石門鐵觀音或209頁木柵鐵觀音茶。

29.
天鶴茶
烏龍茶／花蓮縣瑞穗鄉／平地～海拔八〇〇公尺
一九三〇年代嘗試栽培咖啡卻失敗，之後改種紅茶。在台灣開始流行飲茶的八〇年代之後，轉而製作烏龍茶。天鶴茶僅用春茶和冬茶製作，多在產地銷售。

30.
天霧茶、天廬茶
高山烏龍茶／南投縣仁愛鄉／海拔八〇〇～二〇〇〇公尺

仁愛鄉產的茶大部分通稱高山茶，霧社天霧茶與廬山天廬茶是冠上產地名的品牌茶。霧社和廬山位處大禹嶺與埔里之間的高山地區，每年在春季及晚秋採收兩次。

31.
東眼山茶
高山烏龍茶／南投縣仁愛鄉東眼山／海拔八〇〇～一六〇〇公尺
東眼山是一九八〇年代開拓的新產地。通稱高山茶在市面上流通，品質參差不齊。

32.
凍頂烏龍茶
烏龍茶／南投縣鹿谷鄉／海拔七〇〇～八〇〇公尺
凍頂是台灣茶四大產地之一，凍頂烏龍茶如今已是台灣茶的代名詞。從極品到普及品都有，茶葉品質差異甚大。

33.
南港包種茶
台北市南港區／海拔一〇〇～三〇〇公尺
擁有百年以上歷史的包種茶發源地南港區，現在是知名的觀光茶園與土雞的名產地。南港包種茶因地質關係，茶湯水色蜜黃，特色是香氣似熟果，滋味濃郁。由於產量少，產地以外不易購得。

34.
二尖茶
高山烏龍茶／南投縣中寮鄉里／海拔六〇〇～一二〇〇公尺
一九八〇年代後期開拓的新產地。茶葉以手工採摘，加工為半機械化。品質好卻產量少，市面上較少見到。

35.
日月潭紅茶
南投縣埔里鎮、魚池鄉／海拔四〇〇～一〇〇〇公尺
過去在日月潭附近與魚池鄉採收的紅茶稱為日月潭紅茶。因為地質和氣候條件接近印度的阿薩姆而盛產紅茶，近年受到廉價進口紅茶的打壓，茶園面臨廢耕、消失的危機。

36.
梅山茶
高山烏龍茶／嘉義縣梅山鄉龍眼林／海拔一二〇〇公尺左右
一九七五年，原為竹子產地的梅山一帶開始進行茶的栽培，八〇年代中期，梅山茶成為高山茶的代名詞。後來，阿里山、廬山、霧社等高海拔產地的高山茶獲得民眾喜愛。通稱梅山茶，還有冠上村名的龍眼林茶、瑞峰茶、龍珠茶等其他名稱。

37.
梅台茶

烏龍茶／桃園市復興區／海拔一〇〇～三〇〇公尺

因為復興區是有水庫的水源保護區，所以採行無農藥、無化肥的有機栽培。市面上較少見到，在市場上算是相對年輕的茶。

38.
白毫烏龍茶（東方美人茶、香檳烏龍茶、椪風茶……）

白毫烏龍茶／新北市、桃園市、新竹縣、苗栗縣／海拔一〇〇～八〇〇公尺

百年前，台灣產的白毫烏龍茶曾以「福爾摩沙烏龍茶」之名風靡一時，在英國被命名為「東方美人茶」。只使用無農藥栽培、被浮塵子啃咬過的茶葉製茶，是非常特殊的茶。白毫烏龍茶擁有多個稱號，如東方美人茶、香檳烏龍茶、椪風茶、福壽茶等，當中紅、黃、白、褐、綠五色交雜的茶稱為五色茶。散發蜜香，順口甘甜，為高級品。

39.
福壽山茶

高山烏龍茶／台中市和平區／海拔二四〇〇公尺

一九七〇年代中期，福壽山農場開始進行茶的栽培，之後擴散至梨山一帶。福壽山農場不只海拔高，也是出產好茶聞名的茶園。通稱福壽山茶，亦稱福壽山長春茶。

40\. 福鹿茶
烏龍茶／台東縣鹿野鄉、卑南鄉、延平鄉／海拔二〇〇公尺
因緯度低，全年高溫，不太適合種茶。主要是在茶葉市場淡季的早春與晚冬出貨。茶湯水色偏紅，類似紅茶。卑南鄉產的稱為初鹿茶。

41\. 文山包種茶
包種茶／新北市文山茶區（主要在坪林、石碇）／海拔四〇〇～八〇〇公尺
台灣最古老的茶產地之一文山地區，遵循古法製作條型包種茶為主。包種茶的價格依季節或品種、品質而有落差。優質品無青味，帶有高雅的花香。因為是輕發酵茶不適合長期保存。

42\. 碧螺春↓請參閱198頁海山碧螺春。

43\. 武嶺茶
烏龍茶／桃園市大溪／海拔一〇〇～三〇〇公尺
自清代延續至今的古老產地。全盛期是二～五月的春茶。十二月到隔年一月可採的冬茶，品質優良。不過，因為建設水庫後的水源關係，茶園面積大幅縮減。

44.
霧社茶→請參閱204頁天霧茶。

45.
明德茶（舊名老田寮茶）
烏龍茶／苗栗縣頭屋鄉老田寮
老田寮過去曾與凍頂、名間、坪林並列四大茶區，如今茶園規模已縮小。以機械採茶量產的明德茶多為輸出用、加工用、業務用。發酵程度為較輕的三十%左右。

46.
木柵鐵觀音茶
鐵觀音茶／台北市木柵區／海拔二〇〇～三〇〇公尺
台灣唯一使用鐵觀音種茶葉，以鐵觀音製法製成的茶。為了和使用其他品種、相同製法製成的茶有所區別，特稱「正欉鐵觀音」。但需要費時三日完成的傳統製法，現在幾乎已不復見。

48.
蘭陽茶
烏龍茶／宜蘭縣／海拔二〇〇～八〇〇公尺
宜蘭自古就是茶產地，宜蘭產的茶通稱蘭陽茶。接近中央山脈石礫多的土地採到的茶，多為濃郁上等茶。茶名會冠上產地名，如礁溪五峰茶、三星上將茶、冬山素馨茶、大同玉蘭茶等。

49.
梨山茶
高山烏龍茶／台中市和平區／海拔一五〇〇～二六〇〇公尺
梨山周圍還有中央山脈與雪山山脈的群山環繞，是生產極品茶的聖地。因為氣候的關係，茶葉品質優劣不一，極品量少。海拔二四〇〇公尺以上，每年只能收成兩次。

50.
龍壽茶
烏龍茶／新北市林口區／海拔一〇〇～三〇〇公尺
有別於台北一帶製作的條型包種茶，林口地區是半球型烏龍茶。

51.
龍泉茶
烏龍茶／桃園市龍潭區／海拔一〇〇～三〇〇公尺
由李登輝先生命名的龍泉茶是半球型烏龍茶。在產地包裝、販售的茶以龍的多寡分級。另外還有龍泉椪風茶、高山烏龍茶等。龍潭區也是台灣唯一的煎茶（蒸綠茶）產地。

52.
六福茶
烏龍茶／新竹縣關西鎮／海拔一〇〇～三〇〇公尺

關西鎮曾是台灣數一數二的紅茶產地。後來生產出口至日本的碎型綠茶（工業用粉茶）。近年種植金萱、青心烏龍，製成六福茶。

53.
蘆山茶
↓請參閱224頁天蘆茶。

54.
六龜茶
烏龍茶／高雄市六龜區／平地
六龜區是一九八〇年代從梅山移居的茶農開墾而成的茶區。氣候溫暖，每年可收成六次，但茶的苦澀味略重。

55.
蘆峰烏龍茶
烏龍茶／桃園市蘆竹區／海拔一〇〇～三〇〇公尺
蘆竹區是桃園市內茶業最盛行的地區。積極舉辦茶葉評比競賽等活動。一九九六年由李登輝總統命名為「蘆峰烏龍茶」。

引用與參考文獻

《台灣茶》陳煥堂、林世煜著 貓頭鷹出版社二〇〇一年
《台灣的茶葉》林木連等人著 遠足文化二〇〇三年
《台灣茶街》池宗憲著 宇河文化出版二〇〇二年
《中國茶道》黃墩岩著 暢文出版社二〇〇一年
《茶之初四種》阮浩耕著 浙江攝影出版社二〇〇一年
《茶之趣》陳文懷著 浙江攝影出版社二〇〇二年
《中國茶情》林治著 中華工商聯合出版社二〇〇一年
《喫茶去——茶鄉假期完全計劃》行遍天下特搜小組 宏碩文化二〇〇三年
《茶道十講》林瑞萱著 武陵出版二〇〇二年
《台灣茶藝發展史》張宏庸著 晨星出版二〇〇二年
《陶瓷台灣》陳信雄著 晨星出版二〇〇三年
《宜興紫砂辭典》吳山等人著 唐人工藝出版社二〇〇二年
《宜興紫砂壺藝術》吳山著 藝術家出版社 一九九八年
《文物鑑賞叢書3中國紫砂》熊寥著 藝術圖書公司 一九九六年

《品茶清香・茶具》宋伯胤著　上海文藝出版社二〇〇二年
《第一屆台灣陶瓷金質獎》新北市立鶯歌陶瓷博物館二〇〇二年
《歷代媽祖金身在新港百件經典媽祖文物特展》財團法人新港文教基金會二〇〇二年
《清稗類鈔五・九・十三》徐珂著　中華書局一九九四年
《中國茶書》布目潮渢等人編譯　平凡社・東洋文庫一九七六年
《齊民要術》田中靜一等人編譯　雄山閣一九九七年
《長物志3》文震亨著／荒井健等人譯注　平凡社・東洋文庫二〇〇〇年

※以下為參考文獻
《茶之書》岡倉覺三／村岡博譯　岩波書店一九二九年
《茶的世界史》角山榮著　中央公論新社一九八〇年
《隨園食單》袁枚著／青木正兒譯注　岩波書店一九八〇年
《養生訓》貝原益軒著／伊藤友信譯　講談社一九八二年
《台灣——人類・歷史・心性》戴國煇著　岩波書店・岩波新書一九八八年
《問俗錄》陳盛韶著／小島晉治等人譯　平凡社・東洋文庫一九八八年
《巴達維亞城日誌》全三卷　村上直次郎等人譯注　平凡社・東洋文庫一九七〇年等
《東西茶交流考－茶帶來了什麼》矢澤利彥著　東方書店一九八九年

《新訂 中國茶的魅力》谷本陽藏著　柴田書店 一九九〇年
《華國風味》青木正兒著　岩波書店 一九八四年
《茶話－茶事遍路》陳舜臣著　朝日新聞社 一九九二年
《中國喫茶文化史》布目潮渢著　岩波書店 一九九五年
《享受馥郁的中國茶——中國茶入門》菊池和男著　講談社 一九九八年
《中國飲食文化》王仁湘著／鈴木博譯　青土社 二〇〇一年
《讀解中國全省地圖》莫邦富著　新潮社 二〇〇一年
《茶博物誌》約翰・寇克利・萊特森（John Coakley Lettsom）著／瀧口明子譯　講談社 二〇〇二年
以及其他多本書籍

索引

品茶．茶藝文化

台灣茶資訊中心

生活樹　生活樹系列 083

窮究台灣茶：如何選購、享受台灣茶

極める台湾茶―台湾茶の選び方・愉しみ方

作　　者　池上麻由子
監　　修　林鼎洲
譯　　者　連雪雅
總 編 輯　何玉美
主　　編　紀欣怡
責任編輯　謝宥融
封面設計　周家瑤
版型設計　楊雅屏
內文排版　楊雅屏

出版發行　采實文化事業股份有限公司
行銷企畫　陳佩宜・黃于庭・馮羿勳・蔡雨庭・曾睦桓
業務發行　張世明・林坤蓉・林踏欣・王貞玉・張惠屏
國際版權　王俐雯・林冠妤
印務採購　曾玉霞
會計行政　王雅蕙・李韶婉
法律顧問　第一國際法律事務所　余淑杏律師
電子信箱　acme@acmebook.com.tw
采實官網　www.acmebook.com.tw
采實臉書　www.facebook.com/acmebook01

I S B N　978-986-507-194-3
定　　價　380 元
初版一刷　2020 年 10 月
劃撥帳號　50148859
劃撥戶名　采實文化事業股份有限公司
10457 台北市中山區南京東路二段 95 號 9 樓
電話：（02）2511-9798　傳真：（02）2571-3298

國家圖書館出版品預行編目資料

窮究台灣茶：如何選購、享受台灣茶 / 池上麻由子著；連雪雅譯. -- 初版. -- 臺北市：采實文化, 2020.10
224 面；14.8×21 公分. --（生活樹系列；83）
譯自：極める台湾茶：台湾茶の選び方. 愉しみ方
ISBN 978-986-507-194-3（平裝）

1. 茶葉 2. 茶藝 3. 臺灣

481.6　　109012352

KIWAMERU TAIWANCHA—TAIWANCHA NO ERABIKATA TANOSHIMIKATA
by Ikegami Mayuko
Supervised by Lin Ting-Chou

采實出版集團
ACME PUBLISHING GROUP